海绵城市透水混凝土应用技术

张 炯 孙 杰 黄金梅 崔新壮 李 晋 金 青 著

·北京·

内容提要

本书针对透水混凝土在“海绵城市”建设过程中的应用技术，详细介绍了透水混凝土的制备技术、设计与施工技术、检测技术与路面养护技术；揭示了其强度与渗透性的相互关系并构建了强度-渗透性模型；提出了透水混凝土渗流场的数值模拟技术；对暴雨作用下透水混凝土路面的快速堵塞进行模拟试验，并系统总结了不同因素对透水混凝土路面堵塞的影响程度；研究了透水混凝土堵塞修复技术；通过大量试验对透水混凝土抗冻融能力较低的缺陷提出了改进方案。

本书可作为土木工程及相关领域的科研、设计和施工人员的技术参考书。

图书在版编目（CIP）数据

海绵城市透水混凝土应用技术 / 张炯等著. —北京：中国水利水电出版社，2019.9

ISBN 978-7-5170-8089-3

Ⅰ. ①海… Ⅱ. ①张… Ⅲ. ①城市道路—透水路面—水泥混凝土路面—研究 Ⅳ. ①U416.216

中国版本图书馆CIP数据核字（2019）第228276号

书名	海绵城市透水混凝土应用技术 HAIMIAN CHENGSHI TOUSHUI HUNNINGTU YINGYONG JISHU
作者	张炯 孙杰 黄金梅 崔新壮 李晋 金青 著
出版发行	中国水利水电出版社 （北京市海淀区玉渊潭南路1号D座 100038） 网址：www.waterpub.com.cn E-mail：sales@waterpub.com.cn 电话：（010）68367658（营销中心）
经售	北京科水图书销售中心（零售） 电话：（010）88383994、63202643、68545874 全国各地新华书店和相关出版物销售网点
排版	北京智博尚书文化传媒有限公司
印刷	三河市元兴印务有限公司
规格	170mm×240mm 16开本 11.75印张 208千字
版次	2020年1月第1版 2020年1月第1次印刷
印数	0001—2000册
定价	59.00元

前　言

“海绵城市”是在尊重自然、遵循生态优先的原则下，通过绿色与灰色基础设施相结合，使城市能够像海绵一样，在确保城市水安全的前提下，最大限度地实现雨水在城市区域的积存、渗透和净化，进而促进城市雨水资源的利用和生态环境保护。国外的“海绵城市”建设发展较早，20 世纪 70 年代，英国首次提出了可持续排水系统（Sustainable Urban Drainage Systems，SUDS）的理念，强调了人与自然的可持续发展；20 世纪 90 年代，美国的低影响开发（Low Impact Development，LID）通过分散的、小规模化的、本土化的源头控制机制，达到对暴雨所产生的径流和污染的控制方法，使开发区域尽量接近于开发前的自然水文循环状态；澳大利亚的水敏感性城市设计（Water Sensitive Urban Development，WSUD）通过对传统开发方式的改进，来保护城市水生态系统及供水安全。我国“海绵城市”概念引入较晚，但发展十分迅速。早在 2000 年，被称为“大地生命的细胞”的北京中关村生命科学园建成；获得华盛顿大学生态学博士学位的佘年教授回国后致力于推广美国的“绿色基础设施”理念，2007 年在深圳大学新校区建设过程中，他和刘建教授牵头提议，建设深圳大学 LID 示范项目，并邀请美国比尔汉特教授亲自全程参与设计规划，监督施工至项目建成，这个项目应该是中国内地完整意义上的第一个“绿色基础设施”实验基地；2011 年建成的哈尔滨群力雨洪公园（群力国家湿地公园）是我国首个以解决城市内涝为目标的国家级城市湿地公园。国家对“海绵城市”的重视是改变城市规划建设理念的重大契机，对实现生态文明和美丽中国具有重要意义。围绕这一概念，土木工程领域学术界充分响应国家政策号召，通过广泛的讨论来科学、系统地对待一系列相关的生态和环境问题，重新审视工业时代治水思路的利弊，深刻认识生态雨洪管理和城市生态建设的重要性，明确建立水生态基础设施是生态治水的核心技术与方法，也是实现“海绵城市”的关键。

透水混凝土作为实现“海绵城市”的重要物质基础，成为研究人员研究的重点。它是由一定级配的粗骨料、少量或无细骨料、胶凝材料、减水剂、掺和料和水按一定比例、经特定工序制作而成的具备连续孔隙结构的多孔混凝土，它的多孔构造和高透水性极大地提高了路面的排水性能，使得路面排水方向更为发散，限制了径流量，将冲刷破坏降到最低。同时，雨水的直接下渗使得日渐枯竭与被污染的城市地下水资源得到了补充，作为城市“地基”

的一部分，这些下渗的地下水维护了土壤的原始结构，减少了地面沉降现象的产生。此外，多孔的透水混凝土也使得大气环境得以直接与土壤接触，宏观上令整个城市不再是一块密不透风的“混凝土板”，土壤生态环境得到了一定程度的改善。这也使得城市的整体热交换更为顺畅，“热岛效应”得到了缓解。

本书着眼于透水混凝土在“海绵城市”建设过程中的应用技术，详细介绍了透水混凝土的制备技术、检测技术和透水路面设计与施工技术、养护技术；揭示了其强度与渗透性的相互关系，并构建了强度-渗透性模型；提出了透水混凝土渗流场的数值模拟技术；对暴雨作用下透水混凝土路面的快速堵塞进行模拟试验，并系统总结了不同因素对透水混凝土路面堵塞的影响程度；研究了透水混凝土堵塞修复技术；并通过大量试验对透水混凝土抗冻融能力较低的缺陷提出了改进方案。

全书由山东大学张炯、崔新壮、金青，中交一公局集团海威工程建设有限公司黄金梅、孙亚刚、彭楠楠、刘科、张斌、张梅、孙国鸿、颜晶、姜山，济南城建集团有限公司孙杰，山东交通学院李晋、张小宁等合作完成。

作者在撰写本书的过程中参考了国内外许多专家、学者的研究成果和文献，在此致以衷心的感谢。

作　者

2019 年 5 月

目　　录

第1章

绪论

近年来，我国城市频频遭受大暴雨的袭击，且雨灾等级逐年升高。暴雨过后，各城市均发生严重的积水现象，导致交通堵塞，电力中断，房屋被淹。专家指出，造成这种情况的主要原因是我国城市路面不透水。在城市建设中，许多城市大量采用水泥、沥青、混凝土等封闭地表，取代原有的土壤表面；对人行道、露天停车场、庭院及广场等公共场所也喜欢用整齐漂亮的石板材或水泥彩砖铺设。封闭地表在改善交通和道路状况、美化环境的同时，也对城市生态和气候环境产生显著的不利影响。封闭地表和高楼大厦使现代化都市的地表逐步被阻水材料所硬化覆盖，水分难以下渗，降水很快成为地表径流，进入河道或者地下排水管道，形成了生态学上的“人造沙漠”。不透水的路面缺乏对城市地表温度、湿度的调节能力，雨水蒸发快，地表容易干燥，造成严重的扬尘污染；雨后水分快速蒸发，空气湿度大，使人感到闷热难耐，而后又异常干燥，产生了气象学上的城市“热岛效应”。

同时，这种表面致密的路面在雨天由于不能及时排水，极易造成路面积水，行车容易形成水漂、水雾，造成交通事故，给行人和车辆的行驶带来很多不便；另外在暴雨时这种地面径流量急剧增大，加重了城市排水系统的负担，甚至引发洪涝灾害。

为了解决这些问题，2012年4月，我国在《2012低碳城市与区域发展科技论坛》中首次提出了“海绵城市”的概念；2017年3月5日中华人民共和国第十二届全国人民代表大会第五次会议上，李克强总理在政府工作报告中提到：统筹城市地上地下建设，再开工建设城市地下综合管廊2 000km以上，启动消除城区重点易涝区段三年行动，推进海绵城市建设，使城市既有“面子”，更有“里子”。

“海绵城市”建设过程中，透水性材料尤其是透水性混凝土扮演着重要的角色。它的多孔构造和高透水性极大地提高了路面的排水性能，使得路面排水方向更为发散，限制了径流量，将冲刷破坏降到最低。同时，雨水的直接下渗使得日渐枯竭与被污染的城市地下水资源得到了补充，作为城市“地基”的一部分，这些下渗的地下水维护了土壤的原始结构，减少了地面沉降现象的产生。此外，多孔的透水混凝土也使得大气环境得以直接与土壤接触，宏观上令整个城市不再是一块密不透风的“混凝土板”，土壤生态环境得到了一定程度的改善。这也使得城市的整体热交换更为顺畅，“热岛效应”得到了缓解。

1.1 海绵城市概述

我国是世界上最大的发展中国家，为了大力谋求人民群众的幸福与发展，贯彻落实习近平总书记讲话及中央城镇化工作会议精神，我国每年新建成的建筑相当于世界每年建筑总量的一半。如此快速的发展带来了不少可见的问题。例如，城市建筑用地不断地侵占农田丛林、湖泊湿地，破坏了大量的水源涵养地；建成之后的城乡地区的水文、水力特性明显改变，地表径流量大幅度增加，以往城市排水系统不合理的设计往往造成逢雨必涝、旱涝急转的现象，城市防洪压力很大。据有关统计资料，我国发生的重大灾害以洪涝、台风为主，全国有超过360个城市遭遇过内涝，上亿人次受灾，几百人因灾死亡，造成的财产损失数千亿元计（图1.1）。

图1.1 洪涝灾害造成的财产损失

当今不仅是我国，全世界范围内正面临着淡水资源短缺、水质污染、洪涝灾害、水生物栖息地丧失等与水相关的诸多问题。据统计，全球淡水消耗量比20世纪初增加了约6~7倍，比人口增长速度高2倍，全球目前有14亿人缺乏安全清洁的饮用水。预计到2025年，全世界将有近1/3的人口（23亿人）缺水，波及的国家和地区达40多个，我国是其中之一，淡水资源紧缺问题的严重性与急迫性可想而知[1-2]。地球上雨水资源利用潜力巨大，在缓解水资源危机、补偿城市生态环境及防洪减灾等方面具有重大社会、经济和环境效益[3]。然而，目前城市雨水尚未得到合理利用，未来城市需充分认识雨水资源的价值，通过雨洪利用结合景观生态设计进行科学规划。因此，这些问题显然是相互牵连的、复杂的、系统性的问题，不能单靠解决某一点就能保障全球水循环体系的理想效果，因此亟待一个符合人类进步发展理念的，更具科学性、综合性的解决方案[4]。

"海绵城市"理论的提出正是立足这一严峻的背景之下。理想中的"海绵城市"是在尊重自然、遵循生态优先的原则下，通过绿色与灰色基础设施相结合，使城市能够像海绵一样，在确保城市水安全的前提下，最大限度地实现雨水在城市区域的积存、渗透和净化，进而促进城市雨水资源的利用和生态环境保护[5]。国内外学者借助生活中常见的"海绵"比喻城市或土地的雨涝调蓄能力，恰恰在于其代表着一种雨水管理的生态理念，尽管表述有所不同，核心思想是一致的，"海绵城市"直观地表述了具有"海绵特征"的城市，而其他概念的"海绵"重在"海绵城市"功能的载体[6]。

1.1.1 "海绵城市"取得的成果

国外的"海绵城市"建设已经取得了一定规模的进展，许多相关理念与措施（表1.1）陆续系统地建立起来[7]。20世纪70年代，英国首次提出了可持续排水系统（Sustainable Urban Drainage Systems，SUDS）的理念。SUDS（图1.2）强调了人与自然的可持续发展，针对当时排水体制造成的洪涝灾害及径流污染问题，采取过滤式沉淀池、渗透铺装等措施削减洪峰流量，提高径流水质，同时，将节水装置与绿色景观有机结合，为野生动物提供了良好的栖息地，进一步优化了整个地域的水文系统。20世纪90年代，美国的低影响开发（Low Impact Development，LID）是一种通过分散的、小规模的、本土化的源头控制机制，结合渗透、过滤、径流输送技术，径流调储、保护性技术及低影响景观等控制技术，来达到对暴雨所产生的径流和污染的控制，使开发区域尽量接近于开发前的自然水文循环状态的暴雨管理方法[8]，因此，LID具有很高的社会效益和环境效益。澳大利亚的水敏感性城市设计（Water

Sensitive Urban Development，WSUD），通过对传统开发方式的改进来保护城市水生态系统及供水安全。WSUD（图 1.3）同样秉持着可持续发展的先进理念对城市进行了科学的规划及设计，不单单进行雨水管理，而且将雨水、饮用水、污水管理等水文循环结合在一起，作为一个相互影响、相互协调的整体进行综合管理。最能体现重视程度的是，澳大利亚通过了大量的法律法规来确保 WSUD 系统的实施和运行，取得了十分显著的效果。

图 1.2　英国 SUDS 应用实例

图 1.3　澳大利亚 WSUD 应用实例

表 1.1　国外关于“海绵城市”的相关理念与措施

国　家	理念与措施
美国	最佳管理措施（Best Management Practices，BMPs）
美国	绿色基础设施（Green Infrastructure）
美国	低影响开发（Low Impact Development，LID）
美国	绿色雨水基础设施（Green Stormwater Infrastructure）
澳大利亚	水敏感城市设计（Water Sensitive Urban Design，WSUD）
新西兰	低影响城市设计与开发（Low Impact Urban Design and Development，LIUDD）
英国	可持续城市排水系统（Sustainable Urban Drainage System，SUDS）
德国	雨水利用（Stormwater Harvesting，SH）
德国	雨洪管理（Stormwater Management，SM）
新加坡	“活力、美观、清洁”水计划（Activity-Beautiful-Clean，ABC）
日本	雨水贮留渗透
日本	河道改善

国内的“海绵城市”建设开展得也如火如荼。类似有“雨水利用”“雨水控制与利用”“雨洪利用”“低影响开发”“内涝防治”等与城市排水密切相关的概念。这些概念虽然名称不同，但内涵基本为“渗、蓄、用、滞、调、排”，包含了雨水的资源化利用、涝洪减灾防治、面源污染减控、生态环境改善等方面，都是对城市降雨径流采取措施进行水量、峰值削减。之所以存在

这些内涵相互交叉、重叠的概念，主要原因是对其所应对的降雨重现期和根本目的有些混淆，对于目前问题比较突出而又备受关注的城市“内涝防治”尚缺乏统一的认识和技术标准[9]，为此，我国正在积极开展相关项目标准的探索。2006年11月，为加强城市雨水利用工程建设，推动雨水资源化进程，提高水资源的有效利用率，北京市水务局、发改委、规划委、建委、交通委、园林局、国土局、环保局联合发布《关于加强建设项目雨水利用工程的通知》。2007年4月，建设部发布了我国第一部关于建筑小区雨水收集利用的设计规范——《建筑与小区雨水利用工程技术规范》（GB 50400—2016)，该规范重点对雨水收集方式、雨水处理系统的选型及雨水土壤入渗等各个方面进行了规定，提出了初步的解决思路和办法。习总书记在2013年中央城镇化工作会议中指出：“太多的水泥地占用了可以保持水土的林地、草地、池塘及湖泊，破坏了正常的水文循环，致使暴雨来袭时，雨水只能从管道排出，无法收集利用、补充地下水。若想解决城市缺水问题，顺应水文循环的自然规律，一种重要的方式就是将雨水留下来。充分利用大自然的力量，建设能够自然存蓄、净化的‘海绵城市’。”2014年2月，中华人民共和国住房和城乡建设部城市建设司工作要点第一项明确表示：“督促各地加快雨污分流改造，提高城市排水防涝水平，大力推行低影响开发建设模式，加快研究建设海绵型城市的政策措施。”随后编制了《海绵城市建设技术指南——低影响开发雨水系统构建（试行)》，重点介绍了“海绵城市”的可行性实施方案，对指导新建、改扩建工程的设计、施工及维护运行具有重要的意义。2014年年底至2015年年初，水利部、建设部等部委提出了建设“海绵城市”试点城市的通知，随之产生第一批16个试点城市。至此，“海绵城市”建设试点工作全面铺开。

1.1.2 “海绵城市”理论的实践应用

国外“海绵城市”理念实践的实施开展较早，具体的源头技术措施有绿色屋顶（green roof)、生物滞留设施（bioretention)、雨水桶/池（rain barrels/cistern)（图1.4）等，中途技术措施有渗透管渠（infiltration trench)、植被过滤带（vegetated filter strips)、旋流分离（hydro dynamic vortex separators）等、末端技术措施有雨水湿地（constructed stormwater wetland)、雨水塘（stormwater pond)、多功能调蓄（multi - functional storage）等。2005年一场飓风对美国新奥尔良市造成了严重破坏，景观设计师努力综合生态、水文、交通等领域的研究成果，采集公众意见，研究出一套系统来实现其历史、水文和生态方面的振兴，建成了一条绿意盎然、生机勃勃的多模式交通要道——拉菲特绿廊（Lafitte greenway + revitalization corridor）。不同的群落随地貌交错，表明了植物不同的适意性与景观特性，展现了拉菲特生态绿廊（图 1.5）的景观特色；开拓休闲空地，建造多元化的公共开放活动空间，使其兼具天然储水功能，减缓暴雨冲击的同时提高了居民的生活质量；以当地社区为整体规划方案，充分利用未合理利用的公共空间，提高使用者的可及性与安全性，将贫瘠的不毛之地打造成青翠繁茂的绿廊，将新奥尔良市的民众们又重新凝聚在一起。

图 1.4　美国 LID 分类设施——雨水罐

图 1.5　拉菲特生态绿廊概念图

获得 2013 ASLA 专业奖以及通用设计荣誉奖的布鲁克林植物园游客中心（Brooklyn Botanic Garden Visitors Center By HMWhite）建立了一个城市与花园之间的公共接口。这个项目把当代现场工程技术和可持续性的景观与园艺设计融合在一起，项目的空间设计合并了景观与建筑，重新界定了游客与花园、展览与文化之间的空间与体验关系。项目的工作成果着重表现基于生物自然过滤的雨水管理策略整合弹性场地和景观设计，良好地展现了适宜性，技术、环境和景观多样化工作体系协同整合的设计方案。一系列的亮点景观系统如“绿色屋顶”“生物渗透池”“雨水花园”“生态建筑挡土墙”“退台式的花园露台”和入口景观公园构成的开放景观空间序列（图1.6），整合交织当地乔木、草地、灌木和湿地植物（图1.7）来引导、收集、过滤和渗透雨水径流，形成系统性的雨洪管理系统。项目的景观规划低调地延伸与缝合周边的自然环境与资源，顺应地形的建筑量体设计，更是完美地照应了基地的地貌特性，成为三维立体“海绵城市”的模范项目[9-10]。

图1.6　屋顶花园、植物平台、生物与水过滤槽形成的景观体验空间

图1.7　采用当地植物收集、过滤和渗透雨水径流

早在2000年，被称为“大地生命的细胞”的北京中关村生命科学园（图1.8）设计整体考虑以下几个方面：有一个能自我更新、繁育和可持续的生态基质；有一系列结构完整、高效运作、富于创新能力的功能体；每一个功能体之间以及园区与外界都有通道，形成车流、人流、货物和信息流网络；

每个功能区之间，以及园区与外界都有隔离的边界，它们既是内与外的界定，又是联系与交流的界面[11]。获得华盛顿大学生态学博士学位的佘年教授回国后致力于推广美国的“绿色基础设施”理念，2007 年在深圳大学新校区建设过程中，他和刘建教授牵头提议，建设深圳大学 LID 示范项目，并邀请美国比尔汉特教授亲自全程参与设计规划，监督施工至项目建成，当时负责校区建设的牛永宁教授从校区建设总经费中划拨出一部分专项资金给予大力支持。这个项目应该是中国内地完整意义上的第一个“绿色基础设施”实验基地(图 1.9)。2011 年建成的哈尔滨群力雨洪公园（群力国家湿地公园）是我国首个以解决城市内涝为目标的国家级城市湿地公园（图 1.10)。总体设计理念是希望通过最少的工程量来实现城市、建筑及人的活动与洪涝过程的和谐共生，实现城市绿地的综合生态系统服务功能。该公园通过整体景观设计途径进行生态化的雨洪管理，使湿地的多种功能得以彰显，乡土生物的多样性也得以保存，同时为城市居民营造了舒适的居住环境，使城市建筑与雨洪过程相适应，自然和城市得以和谐共生[12]。

图 1.8 北京中关村生命科学园

国内外优秀的“海绵城市”实践案例不胜枚举。城市规划是城市建设的起点，同时也是各种城市问题的源头，有效缓解水问题需要从城市规划设计的源头着手，在城市总体规划阶段应对开发区域进行量化评估分析，合理控制各类城市用地，并落实“海绵城市”建设的总体要求和总体目标，统筹协调各层级规划，优化布局[13]。其他典型项目案例可见表 1.2，希望能为未来“海绵城市”建设提供些许借鉴和参考。

图 1.9　深圳大学 LID 示范项目

图 1.10　哈尔滨群力雨洪公园城市海绵体建成实景

表 1.2　“海绵城市”实践案例总结

案例名称	基地位置	项目类型	基地面积	项目挑战	项目规划重点
宁波生态走廊	中国浙江省宁波市	污染河川净化	3 km 长的线性走廊，规划面积总计约 90 hm^2	基地位于宁波新城周边，建设开发总量大，生态威胁大	宁波走廊创造性地综合了当地环境地貌、水文和植被特点，将不适宜居住的空地变成 3.3 km长的“活体过滤器”，增加了生态环境的多样性，协调了人类活动与野生环境的关系，并还原了丰富多样的生态系统，在中国经济快速发展的环境下，成为城市可持续扩张与发展的典范

续表

案例名称	基地位置	项目类型	基地面积	项目挑战	项目规划重点
深圳市大梅沙万科中心	中国深圳市	雨水和水环境评估与优化	联体屋面积 16 141m^2，水景面积 4 570 m^2(露天水面 2 702 m^2)	流量、流速不允许净增加；去除 80%年均总固体，40%的总磷	限制或禁止用饮用水进行景观浇水；收集雨水进行浇灌，或用现场回用水浇灌。减少废水的产生和对自来水的需求，同时增加地下含水层的补充；减少 50%输送污水用的自来水；或就地处理所有污水
法明顿农业景观廊道	美国阿肯色州、底特律市	都市农业景观再造		20 世纪原为水果主要产地，近年产量减低，失去城市原有个性	在城市公共通行道上发展农业景观（“可食用的景观”）不仅能保证食物供应的持续性和安全性，还能有效促进健康生活方式的养成
密尔沃基市梅诺米尼山谷	美国威斯康星州密尔沃基市	后工业场地再利用	规划面积总计 56.65 hm^2	工业转型过程中，土地闲置，且原有生态架构遭受严重破坏	在城市里创造一个可接触的“野生环境”以治愈土地和社区。将受到不可逆工业负面影响的土地和水文条件转化为符合当地乡土、适应新的城市环境的学习场地并可以让社会全面参与的生物多样性环境

通过以上众多应用案例可以深刻地认识到，“海绵城市”的核心是改变城市规划建设理念，建立一套系统的、科学的水生态基础设施，而可透水路面无疑是该基础设施的一个重要组成部分。一种具有优良的可透水性能的路面可以有效改善城市雨水循环系统，从根本上缓解城市排水设施的压力。据相关数据统计，城市道路面积占城市建设用地面积的 20%左右[14]，城市道路在城市空间里发挥着重大作用，因此，进行透水路面的研发与应用是实现“海绵城市”的关键。

透水路面是允许路表水进入路面或路基的一类路面结构的总称，一般由透水面层、基层、垫层组成，也包括封层、找平层与反滤隔离层等一些功能层。根据其路面透水特点与雨水渗流路径分为表层排水式路面、半透式路面与全透式路面。顾名思义，表层排水式路面路表可透水，下面设有封层，雨水只能通过路表面层内部水平横向排水；半透式路面的面层和基层均具有透水能力，雨水渗入基层，在基层底部横向排出，它除了具备表层排水式路面的功能外，还具有路面储水功能；全透式路面的整个路面结构都具有良好的透水性能，雨水可一直渗入到土基，补充城市地下水资源，改善道路周边的水平衡和生态条件，提供良好的人居环境[15]。

透水路面面层主要是作为铺装的磨耗层，同时作为结构层的一部分也为透水铺装提供一定的支撑作用。对应于要求的透水功能，面层需要具有一定的粗糙程度、大孔隙多孔结构来保证雨水顺畅下渗进入铺装结构内部。常用的材料主要有透水砖、透水沥青混合料与透水混凝土。在结合多年科研成果以及查阅大量文献资料的基础上，本书着重对海绵城市透水混凝土的应用技术展开探讨。

1.2　透水混凝土概述

近年来，随着城市化进程的加快，城市内可渗透下垫面比例越来越小，地表入渗率降低，地表径流总量和洪峰流量值增大，内涝现象频发。城市不渗透表面中，交通用地占比高达70%。与传统不透水路面相比，透水混凝土路面具备大量连通和半连通的孔隙结构，允许路面径流入渗至地下，补充地下水；在土壤入渗率较低的地区，面层以下结构还可提供一定的储水空间。

欧美、日本等发达国家和地区对透水混凝土的研究和应用起步较早，自20世纪70年代以来，透水混凝土广泛应用于广场、步行街、道路两侧、中央隔离带、公园内道路及停车场等区域。设计研发这种材料的出发点，最初是为了解决城市混凝土路面积水及其所带来的病害问题。在进一步的研究与使用过程中，人们逐渐发现透水混凝土具备巨大的环保应用潜力。它的多孔构造和高透水性极大地提高了路面的排水性能，使得路面排水方向更为发散，限制了径流量，将冲刷破坏降到最低。同时，雨水的直接下渗使得日渐枯竭的城市地下水资源得到了补充。作为城市“地基”的一部分，这些下渗的地下水维护了土壤的原始结构，减少了地面沉降现象的产生。此外，多孔的透水混凝土也使得大气环境得以直接与土壤接触，宏观上令整个城市不再是一块密不透风的“混凝土板”，土壤生态环境得到了一定程度的改善[2]。这也使得城市的整体热交换更为顺畅，“热岛效应”得到了缓解。除了环境保护方面的意义以外，透水混凝土在经过改进之后，也具备了提高路面行车安全性和舒适性的功能。由于表面积水的减少，路面与轮胎间的摩擦系数不再因雨天而降低，行车更加安全。同时，透水混凝土表面的孔隙能有效吸收车辆行驶产生的噪声，声波不再垂直反射，而是在孔隙内漫射衰减。

透水混凝土通常是由一定级配的粗骨料、少量或无细骨料、胶凝材料、减水剂、掺和料和水按一定比例、经特定工序制作而成的具备连续孔隙结构的多孔混凝土。通常情况下，透水混凝土的孔隙率为15%~35%，抗压强度一般为10~20 MPa，抗折强度为1.0~3.8 MPa，渗透系数一般为2.0~5.4 mm/s，有些甚至能够达到10~15 mm/s[16]。其具有以下特点：

（1）透水性好。透水地坪拥有15%~25%的孔隙，能够使透水速度达到31~52 L/(m・h)，远远高于最有效的降雨在最优秀的排水配置下的排出速率。

（2）装饰效果好。透水地坪拥有色彩优化配比方案，能够配合设计师独特创意，实现不同环境和个性所要求的装饰风格。这是一般透水砖很难实现的。

（3）维护方便。特有的透水性铺装系统使其通过高压水洗等方式可以解决孔隙堵塞问题。

（4）抗冻融性好。透水性铺装比一般混凝土路面拥有更强的抗冻融能力，不会受冻融影响而断裂，因为它的结构本身有较大的孔隙。

（5）耐用性强。透水性地坪的耐用耐磨性能优于沥青，接近于普通的地坪，避免了一般透水砖存在的使用年限短、不经济等缺点。

（6）散热性好。材料本身的密度较低（15%~25%的空隙），降低了热储存的能力，独特的孔隙结构使得较低的地下温度传入地面，从而降低整个铺装地面的温度。这些特点使透水铺装系统在吸热和储热功能方面接近于自然植被覆盖的地面。

1.3 透水混凝土应用的技术难题

随着透水混凝土应用的推广，诸多问题也随之暴露出来，孔隙堵塞便是问题之一。透水路面一旦堵塞，其渗透性等功能将会显著降低，随着堵塞过程的进展将会进一步削弱其透水功能，最终衍变为非透水路面，造成巨大的经济损失，降低海绵城市的社会效益以及环境效益。如何解决该问题是困扰研究人员的一大难题。透水混凝土路面的堵塞可以定义为泥沙颗粒运移堆积过程中填充透水路面内部连通及半连通孔隙空间，导致孔隙的连通性下降以及透水混凝土渗流能力降低。当然，导致透水路面渗透性下降的因素还包括交通荷载，寒冷地区冬季路面抛砂防滑也会导致透水路面透水性迅速降低。透水混凝土路面堵塞材料来源通常是周边地区侵蚀的沉积物如沙子、泥土等，或者是径流悬浮颗粒、路面磨损和退化产生的细小颗粒以及植物带来的有机物。这些物质随时间推移会累积在透水路面表面，严重限制了透水路面的使用寿命。《透水水泥混凝土路面技术规程》（CJJ/T 135—2009）中要求透水混凝土路面的连续孔隙率应大于等于10%，透水系数应大于等于0.5 mm/s，透水混凝土才能发挥正常排水作用。最终，当透水混凝土透水系数不满足要求时，透水混凝土已经开始失效[17-18]。

在诸如我国北方地区的冬季工程中，混凝土的冻融破坏一直是一个令人头疼的问题。而透水混凝土由于易堵塞、低强度等特性，其受到寒冷水环境下冻融破坏的范围和程度更有甚于一般混凝土。直接凝固在透水混凝土孔隙中的自由水体积膨胀，造成局部冻胀开裂，使透水混凝土的力学性能下降，甚至直接造成其质量损失和结构破坏。

除了堵塞与易冻损外，强度低也是透水混凝土的缺点之一。普通透水混凝土的强度一般在15 MPa以下，很难达到车辆停放、行驶所需要的强度，这就大大影响到透水混凝土的应用区域。到目前为止，国内外对于强度在20 MPa以上的透水混凝土的研究较少，所得的成果就更少。研究的过程中，存在的较大的问题是透水混凝土采用单一级配或者间断级配的粗骨料，不用细骨料或者很少掺入细骨料，导致内部空隙较多，骨料之间的接触点少，咬合力较低，且容易产生应力集中，无法像普通混凝土一样在受到外力的状态下合理承受荷载[19]。

这三大问题一定程度上限制了透水混凝土的大规模推广，也是国内外研究人员研究的重点。

参 考 文 献

[1] 童三明．城市水资源短缺问题探讨［J］．中州建设，2015（9）：71-72.

[2] 刘华先．探讨基于海绵城市理念下的城市道路设计［J］．技术与市场，2018（7）：135.

[3] 董淑秋，韩志刚．基于“生态海绵城市”构建的雨水利用规划研究［J］．城市发展研究，2011，18（12）：37-41.

[4] LI Tian，ZHANG Wei，HUANG Junjie. Development assessment and implementation of integrated stormwater management plan a case study in Shanghai［J］. Journal of Southeast University English Edition，2014，30（2）：206-211.

[5] 住房与城乡建设部．海绵城市建设技术指南——低影响开发雨水系统构建（试行）[S]. 北京：中国建筑工业出版社，2014：2-7.

[6] 俞孔坚，李迪华，袁弘，等．“海绵城市”理论与实践 [J]. 城市规划，2015，39（6）：26-36.

[7] 张书函．基于城市雨洪资源综合利用的“海绵城市”建设 [J]. 建设科技，2015（1）：26-28.

[8] ROD Frederick，P. E.，D. WRE，et al. Overcoming Barriers to Implementation of LID Practices [J]. Journal of ASCE，2009，16（5）：17-25

[9] 韦斯. 布鲁克林植物园游客中心 [J]. 风景园林，2012（6）：126-131.

[10] 王怡彬．太白山风景区游客中心景观改造设计研究 [D]. 杨凌：西北农林科技大学，2017.

[11] 俞孔坚，张东，李向华，等．生命细胞、景观格局与创新网络——中关村生命科学园规划 [J]. 城市规划，2001，25（5）：76-80.

[12] 俞孔坚．建筑与水涝共生——哈尔滨群力雨洪公园 [J]. 建筑学报，2012（10）：68-69.

[13] 王会华．浅谈城市规划与城市建设的管理 [J]. 建筑工程技术与设计，2016（25）：19.

[14] 吴亚栋．透水路面在市政道路设计中的运用及作用分析 [J]. 交通与运输（学术版），2018（2）：135-137，146.

[15] 郑晓光，陈亚杰．上海海绵城市透水路面典型结构 [J]. 上海公路，2018（3）：1-4，108.

[16] 李钧，朱仁玉．高强度透水混凝土的研制及其参数确定 [J]. 江西建材，2018（2）：16，18.

[17] 莫琳，俞孔坚．构建城市绿色海绵——生态雨洪调蓄系统规划研究 [J]. 城市发展研究，2012，19（5）：4-8.

[18] 马国栋．透水路面渗流与堵塞数值模拟 [D]. 济南：山东大学，2019.

[19] 俞孔坚．论生态治水：“海绵城市”与“海绵国土”[J]. 人民论坛·学术前沿，2016（21）：4-18.

第2章

透水混凝土制备

透水混凝土是一种无砂大孔混凝土，一般采用特定粒径骨料，胶结材包裹于骨料表面作为胶结层，形成骨架-孔隙的多孔结构，与普通混凝土相比，具有良好的透水、透气性，在路面上使用具有良好的生态效应和经济效益。我国有关透水混凝土的研究起步较晚，在制备技术、施工工艺等方面存在一定的问题，限制了其大规模的推广应用。本章将从透水混凝土的自身特点出发，对其原材料选取、配合比设计、制备工艺以及养护制度等进行较为详细的介绍[1]。

2.1 透水混凝土的原材料

本书研究的透水混凝土是以5~10 cm瓜子石作为粗骨料，水泥与硅微粉、矿粉、粉煤灰、VAE-707、聚乙烯纤维等掺和料的混合物作为黏结材料，加入适量的水和减水剂，经过2 min的搅拌，用振动台混合振动法使之成型，并经过28 d恒温恒压恒湿养护后形成的人工石。透水混凝土的物理性质和力学性能很大程度上取决于制作透水混凝土的材料和其配合比。制作透水混凝土的材料包括粗骨料、水泥、减水剂、掺和料和水。

2.1.1 粗骨料

粗骨料作为透水混凝土中主要的受力材料，它的强度很大程度上决定了透水混凝土的结构完整性和抗压性能。透水混凝土的粗骨料的配比也决定了透水混凝土的透水性能。为了保证透水混凝土的透水性能，一般选取较大粒径和单一级配粗骨料。本书选用瓜子石，其表观密度为2 700 kg/m^3，粒径为5~10 cm。

2.1.2 水泥

水泥作为透水混凝土粗骨料之间的主要胶凝材料，它的黏结强度很大程度上决定了透水混凝土的抗冻性能和抗压强度，因此必须慎重选取水泥，在选取时应该考虑水泥的品种、水泥在不同材料下的用量等因素。在透水混凝土中，由于其强度较普通混凝土低，所以应该尽可能选取强度较高的硅酸盐水泥，同时，水泥的用量以恰好包裹粗骨料表面为准。必须严格控制水泥用量，否则会造成透水混凝土透水性不足，成本急剧增加等不良后果。

本书采用济南产山水牌 42.5 普通硅酸盐水泥，其物理力学指标见表 2.1。

表 2.1 水泥的物理力学性能

密度/(g/cm³)	细度 0.08 mm/%	凝结时间/h		抗折强度/MPa		抗压强度/MPa	
		初凝	终凝	3 d	28 d	3 d	28 d
3.1	1.2	3	6.5	4.78	8.05	22.9	44.0

2.1.3 减水剂

由于透水混凝土对于强度要求精确，所以一般选取较小的水灰比，因此普通透水混凝土拌和过程中通常会出现和易性不足等现象。添加减水剂是一个有效的方法，可以增大透水混凝土的和易性和流动性，从而提高透水混凝土的强度和抗冻性能。按照有关规定，减水剂的质量不应超过水泥用量的5%。本书采用聚羧酸高性能减水剂 CR-P100。

2.1.4 掺和料

在透水混凝土中添加掺和料能够极大地提高透水混凝土的抗冻性能和抗压性能，同时掺和料能够改善透水混凝土的内部结构，增加透水混凝土的性能，改善透水混凝土的早期强度，减少早期裂缝，同时对透水混凝土的抗化学腐蚀性能有很大的提升。常用的掺和料有粉煤灰、硅灰、VAE-707 乳液、石英砂、矿粉、聚乙烯纤维。

1. 粉煤灰

粉煤灰是从煤燃烧后的烟气中收下来的细灰，是火电厂排出的固体废物。硅、铝、铁等元素的氧化物是我国火电厂粉煤灰的主要成分。粉煤灰是外表光滑的球状玻璃体，有较高的比表面积。使用粉煤灰代替水泥，可以增加混凝土对水的吸附性能，弥补水泥的不足。粉煤灰主要成分中的 SiO_2、Al_2O_3 等与水泥和石灰反应生成 C-S-H 等凝胶，增强了混凝土包裹层的黏结，减少了混凝土产生的裂纹，有效提升了混凝土的抗压强度。粉煤灰的性能指标见表2.2，其性状如图2.1所示。

表2.2　粉煤灰的性能指标

含水率/%	密度/(kg/m^3)	细度/%	比表面积/%	需水比/%	烧失量/%
0.61	2.85	0.4	312	95.8	0.7

图2.1　粉煤灰性状

2. 硅灰

硅灰是由各种形态下的石英经一系列加工形成的粉末，主要成分是SiO_2。在混凝土中添加硅微粉，硅微粉吸收水，使透水混凝土产生自收缩，因此增加了混凝土的强度。不过，在应用硅灰的同时，一般需要配合减水剂使用。在实际工程中硅灰的使用量一般为水泥量的5%~10%[2]。硅灰的性能指标见表2.3，其性状如图2.2所示。

表2.3　硅灰的性能指标

SiO_2含量/%	含水量/%	比表面积/(m^2/kg)	需水比/%	松散密度/(kg/m^3)
92	0.5	27000	125	200

3. VAE-707乳液

VAE乳液是乙酸乙烯酯-乙烯聚合物的水分散体系，其原料是以乙烯单体和乙酸乙烯等聚合而成的乳白色黏稠液体。该液体黏度为200~300 mPa·s，pH值一般为4~5.5，表面张力为30 mN/m。微观结构上乙烯基能提高分子主链的旋转自由度，这一特点令VAE具有永久柔韧性。同时，VAE具有较强的稳定性，在臭氧、紫外线和氨环境下都不易分解或反应，其耐酸碱性、抗冻性均十分优异，在250 ℃时不分解。由于VAE乳液优秀的黏结性，在混凝土

图 2.2　硅灰性状

工程中得到了广泛的应用，可以增强混凝土的各项性能。VAE 乳液作为一种透水混凝土掺和料，最近越来越多地应用于实际工程中。最初，VAE 乳液被应用于轻质混凝土中，在国外已经有很多年的研究和应用，得到的混凝土强度也很高。1930 年左右，美国在建筑领域首先使用这种轻质混凝土，与普通混凝土相比，这种轻质混凝土大大降低了成本。澳大利亚在高层建筑物中也使用这种混凝土，大大降低了原材料的费用，同时保证了工程的质量。一些科学家认为，VAE 乳液可提升轻质混凝土强度的性质，也可以应用在透水混凝土中，用于增强透水混凝土的强度[3]。

本书所用的 VAE-707 乳液（图 2.3）的黏度与其他工程胶黏度相比相对不高，但与各种低价工程填料混合后具备稳定的黏胶性能，且有较强的憎水性。

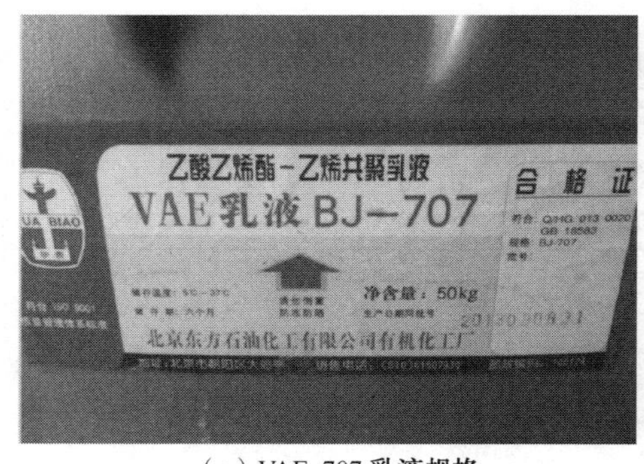

（a）VAE-707 乳液规格

（b）VAE-707 乳液性状

图 2.3　VAE-707 乳液

4. *石英砂*

石英砂在常温下是一种稳定的矿物，不溶于水和常见酸性溶液。其颗粒的断面缺口一般为参差状或壳状。混凝土工程中砂一般作为细骨料组成混凝土骨料级配的一部分，填充在粗骨料之间，增大胶结料接触面积。但是对于透水混凝土而言，是无须细骨料的。本书将石英砂看作是掺和料的一种，添加至胶结料中，考察石英砂对透水混凝土性能所起的作用。本书实验用砂为厦门 ISO 标准中级砂，粒径为 0.5~1.0 mm。

5. *矿粉*

矿粉是矿业开采中的一种副产物，其主要成分与粉煤灰较为相似，但是 CaO 含量较高，因此其自身具有水化硬化特点，加水搅拌后即可发生水化反应并产生强度，无须额外活性激发剂。并且其中的硅铝氧化物一样能与水泥水化产物二次反应生成凝胶。矿粉在普通混凝土中已得到广泛应用，可以提高混凝土强度。矿粉性状如图 2.4 所示。

图 2.4 矿粉性状

6. 聚乙烯纤维

聚乙烯纤维即乙纶，是由高密度聚乙烯（High Density Polyethylene，HDPE）纺制而成的高聚物纤维。聚乙烯本身的密度约为 0.97 g/cm^3，而聚乙烯纤维在松散堆积状态下密度极低。聚乙烯纤维常温下呈固体，熔融温度和玻璃化温度均不固定，化学性质相对稳定，具备一定的耐腐蚀能力。目前已有研究表明，聚乙烯纤维在特定工法下能大幅提高混凝土性能[4]。本书所采用的聚乙烯纤维物理性能参数见表 2.4，其性状如图 2.5 所示。

表 2.4 聚乙烯纤维物理性能

长度/mm	直径/μm	弹性模量/GPa	断裂伸长率/%	断裂强度/MPa	密度/(g/cm^3)
5~12	20	85	4.92	3000	0.97

图 2.5 聚乙烯纤维性状

2.1.5 水

本书透水混凝土拌和及透水混凝土养护用水均为实验室提供的自来水。

2.2 透水混凝土配合比设计

透水混凝土与普通混凝土由于在结构和成分上的不同，其配制和设计过程有十分大的差异。从设计结果上来看，孔隙率和强度是普通混凝土和透水混凝土都需要考虑的两项主要指标。然而，对普通混凝土来说，孔隙率在原则上是越小越好。通过调整材料、级配和生产工艺，使普通混凝土孔隙率降低，改良强度性能。但是对于透水混凝土来说，由于需要满足透水性的要求，其孔隙率必须维持在一定的范围内，同时也要保证其强度和结构的稳定[5]。

从孔隙构造的角度来说，封闭孔隙、半连通孔隙和连通孔隙是透水混凝土孔隙的三种类型（图 2.6）。不与外界连接的孤立孔隙为封闭孔隙；某一头开放或与其他孔隙联通，而另一头封闭的孔隙为半连通孔隙；两头开放或与其他孔隙相连的为连通孔隙。其中，半连通孔隙和连通孔隙是保证透水性能

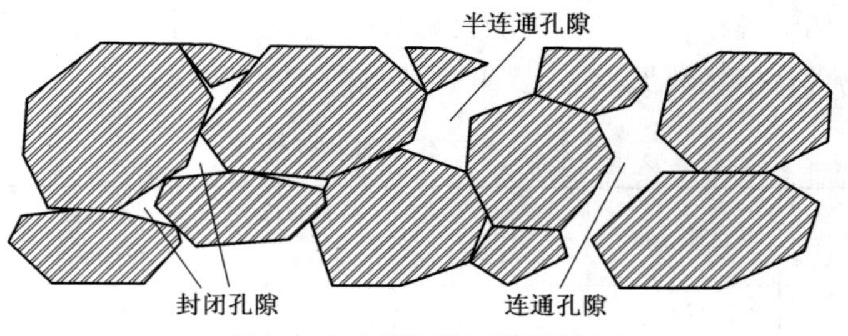

图 2.6 透水混凝土孔隙类型

的有效孔隙。连通孔隙构成了空气和水流穿过混凝土的通道，而半连通孔隙起到了缓存水流的功能。有效孔隙的数量直接影响着透水混凝土的透水性能。

另外，透水混凝土是使用单一级配（5~10 mm）的骨料作为粗骨料的。粗骨料间仅由水泥、掺和料等胶结料在直接接触点附近相互粘连，产生强度，并形成骨架-孔隙结构。这种结构的孔隙往往非常大，大多数孔径都超过1 mm，且主要为连通孔隙。由于力的传递单独由骨架来承担，为保证透水混凝土的整体强度，对其微观强度具有很高的要求。孔隙率高时，连通孔隙量增加，透水性提高，但是相对的骨料之间交界面积减小，整体强度变低；反之，孔隙率低时，降低了透水混凝土的透水性，但是整体强度提高。因此，强度和孔隙率之间存在一个矛盾，而寻求这个矛盾的最优解决方案是透水混凝土配合比设计环节的关键所在。透水混凝土配合比设计流程如图2.7所示。

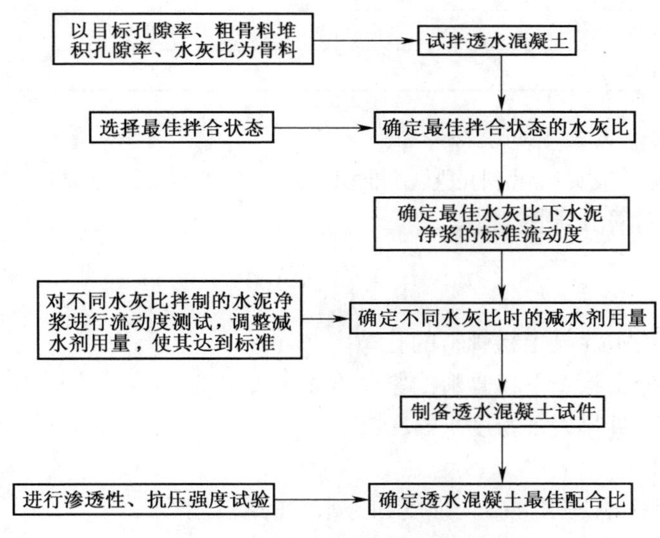

图2.7 透水混凝土配合比设计流程

2.2.1 配合比设计参数确定

透水混凝土的配合比设计采用体积法。首先要确定几个关键参数，包括粗骨料在紧密堆积状态下的孔隙率、目标孔隙率及水灰比。其中主要控制参数是目标孔隙率，在综合考虑强度和透水性的基础上，试验确定粗骨料在紧密堆积状态下的孔隙率和最佳水灰比的范围，从而计算透水混凝土的整体配合比。

1. 目标孔隙率 P

为提高透水混凝土的透水性能，应尽量使连通孔隙增多，但孔隙率过大会减小透水混凝土的强度。故保证透水混凝土试件的渗透性和强度指标的均衡是确定目标孔隙率的核心原则。透水混凝土路面的相关规程[6]中对其各项性能指标有基本要求（表 2.5）。根据实际工程经验，本书的目标孔隙率 $P=15\%$。

表 2.5　透水混凝土的性能指标

项　　目	数　　值	
孔隙率/%	11~17	
渗透系数/(mm/s)	0.5	
耐磨性（磨坑长度)/mm	≤35	
25 次冻融循环后治理损失率/%	≤5	
强度等级	C20	C30
28 d 抗压强度/MPa	≥20.0	≥30.0
28 d 弯拉强度/MPa	≥2.5	≥3.0

2. 骨料紧密堆积时的孔隙率 V

量筒法测得振实粗骨料的紧密堆积密度，网篮法测定骨料表观密度，根据式（2.1）计算孔隙率 V。

$$V=\left(1-\frac{\rho}{\rho_0}\right)\times 100\% \tag{2.1}$$

式中　V——透水混凝土粗骨料的孔隙率,%；

ρ——振实状态下粗骨料的紧密堆积密度，kg/m^3；

ρ_0——粗骨料表观密度，kg/m^3。

3. 水灰比 $R_{w/c}$

水灰比是影响透水混凝土强度和透水性的重要指标。

水灰比过大的透水混凝土拌和料流动度过高，由于原料配方本身浆集比极低，孔隙率很大，因此在振捣成型过程中极易产生漏浆，导致强度分布不均匀以及下部孔隙堵塞。水灰比过小则会导致胶结料不能充分水化，严重影响强度的形成。对于某一确定材料和用量的透水混凝土，存在一个水灰比的最优值，在保证水泥浆流动度的情况下使其强度达到最大。理论上采用实验的方法确定水灰比。选定若干组不同水灰比，令粗骨料和胶结料用量保持相等，制备透水混凝土试件并以抗压、抗折强度为性能指标，绘制并观察水灰比-强度曲线，强度峰值即对应水灰比的最优值。在实际工程应用上一般定义一个透水混凝土的最佳拌和表观状态：搅拌完成后呈金属光泽，紧捏成球状，析出微量水泥。以该拌和状态下的水泥净浆流动度为指标对透水混凝土的水灰比进行试拌并调整。参考一般透水混凝土设计标准，并通过试拌验证，本书选定水灰比 $R_{w/c}=0.34$。

2.2.2　配合比设计计算

根据体积法的原理，1 m^3透水混凝土由粗骨料、各种胶结料（包含掺和料和减水剂）和孔隙体积组成。因此可得到

$$\frac{m_c}{\rho_c}+\frac{m_w}{\rho_w}+\frac{m_g}{\rho_g}+P=1 \tag{2.2}$$

式中　m_c——1 m^3透水混凝土中胶结料的质量，kg；

m_w——1 m^3透水混凝土中水的质量，kg；

m_g——1 m^3透水混凝土中粗骨料的质量，kg；

ρ_c——胶结料的表观密度，kg/m^3；

ρ_w——水的密度，kg/m^3；

ρ_g——粗骨料的表观密度，kg/m^3；

P——目标孔隙率，%。

如前所述，确定目标孔隙率 P、水灰比 $R_{w/c}$和粗骨料在紧密堆积状态下的孔隙率 V 是进行配合比设计计算的前提。值得注意的是，透水混凝土配合比设计中对粗骨料的质量是以其干燥状态为标准，然而实际应用中粗骨料不可避免地具有一定的含水量。因此需要先通过含水率测试，得到所用粗骨料中的平均含水量统计值，并在配比过程中从水的用量中扣除。

混凝土填充包裹理论认为[7]：粗骨料由水泥等胶结料包裹联结，紧密地堆聚并凝结硬化，其余的孔隙由细骨料等填充，最终形成强度。而透水混凝土中，粗骨料间的孔隙未被填充。因此，透水混凝土的粗骨料的质量与孔隙率有如下关系：

$$\frac{m_g}{\rho_g}+V=1 \tag{2.3}$$

将式（2.3）代入式（2.2）中，变换可得

$$\frac{m_c}{\rho_c}+\frac{m_w}{\rho_w}+P=V \tag{2.4}$$

根据水灰比的定义

$$R_{w/c}=\frac{m_w}{m_c} \tag{2.5}$$

可以得到

$$m_c = (V - P)\frac{\rho_c \rho_w}{\rho_w + \rho_c R_{w/c}} \tag{2.6}$$

且

$$m_w = m_c \times R_{w/c} \tag{2.7}$$

此外，本书实验的减水剂掺量百分比定为0.064%，减水剂质量为

$$m_a = m_c \times A \tag{2.8}$$

式中 m_a——减水剂质量，kg；

A——减水剂掺量百分比。

本书设置空白对照组，依据2.1.1小节所述，目标孔隙率取15%。再分别以目标孔隙率10%、20%制作两组透水混凝土进行对比试验，每组3个同配比试件。其具体配合比数据见表2.6。

表2.6 空白对照组的透水混凝土配合比

编号	目标孔隙率/%	粗骨料/kg	水泥/kg	减水剂/g	水/kg
B	10	27	6.74	27	2.29
C	15	27	5.5	22	1.86
D	20	27	4.17	17	1.42

掺加不同掺和料的透水混凝土试件具体配合比数据见表2.7~表2.13，每组试件同样为3个同配比试件，目标孔隙率均为15%。在本书中，总共有掺加粉煤灰、硅灰、VAE-707乳液、砂、矿粉、聚乙烯纤维和多种掺和料组合的透水混凝土试件组。

表2.7 掺粉煤灰的透水混凝土配合比

编号	粉煤灰含量/%	粉煤灰/kg	粗骨料/kg	水泥/kg	减水剂/g	水/kg
E	5	0.27	27	5.18	22	1.86
F	8	0.44	27	5.05	22	1.86
G	10	0.546	27	4.9	22	1.86

注 掺和料掺量均为占胶结料质量百分比，下同。

表2.8 掺硅灰的透水混凝土配合比

编号	硅灰含量/%	硅灰/kg	粗骨料/kg	水泥/kg	减水剂/g	水/kg
H	5	0.27	27	5.18	22	1.86
I	8	0.44	27	5.05	22	1.86
J	10	0.546	27	4.9	22	1.86

表2.9　掺VAE-707乳液的透水混凝土配合比

编号	VAE-707乳液含量/%	VAE-707乳液/kg	粗骨料/kg	水泥/kg	减水剂/g	水/kg
K	2	0.11	27	5.4	22	1.86
L	6	0.33	27	5.1	22	1.86
M	10	0.55	27	4.9	22	1.86

表2.10　掺砂的透水混凝土配合比

编号	砂含量/%	砂/kg	粗骨料/kg	水泥/kg	减水剂/g	水/kg
N	2	0.11	27	5.4	22	1.86
O	6	0.33	27	5.1	22	1.86
P	10	0.55	27	4.9	22	1.86

表2.11　掺矿粉的透水混凝土配合比

编号	矿粉含量/%	矿粉/kg	粗骨料/kg	水泥/kg	减水剂/g	水/kg
Q	5	0.27	27	5.18	22	1.86
R	8	0.44	27	5.05	22	1.86
S	10	0.546	27	4.9	22	1.86

表2.12　掺聚乙烯纤维的透水混凝土配合比

编号	聚乙烯纤维/g	粗骨料/kg	水泥/kg	减水剂/g	水/kg
T	15	27	5.44	22	1.86
U	30	27	5.39	22	1.86
V	45	27	5.34	22	1.86

表2.13　多种掺和料组合的透水混凝土配合比

项　目	数　值
粉煤灰含量/%	10
硅灰含量/%	8
矿粉含量/%	10
VAE-707乳液含量/%	2
聚乙烯纤维/g	45
粗骨料/kg	27
水泥/kg	3.8
减水剂/g	22
水/kg	1.86

2.3 透水混凝土试件制备与养护流程

2.3.1 透水混凝土的投料及搅拌工艺

《公路工程水泥及水泥混凝土试验规程》（JTGE 30—2015）中建议普通混凝土拌和料制备采用一次投料法，其流程如图 2.8（a）所示。对于透水混凝土来说，极低的浆骨比使得拌和料性状十分干燥，必须采取拌和更为均匀的投料和搅拌工艺。因此，本书采取骨料表面包裹法进行投料拌和，其具体流程如图 2.8（b）所示。

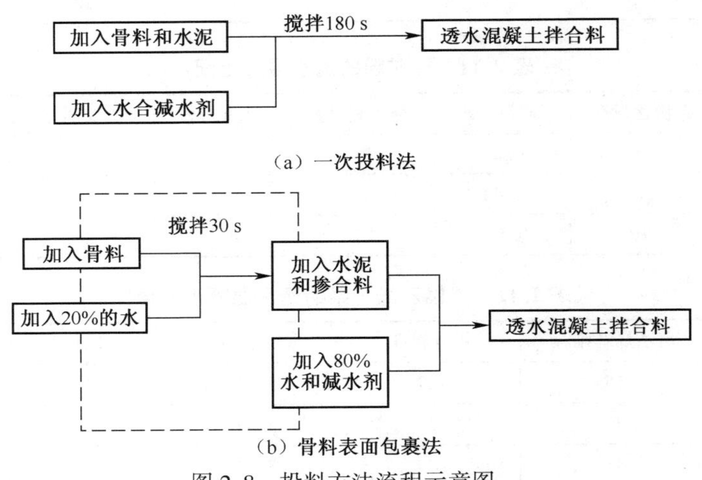

图 2.8 投料方法流程示意图

一次投料法的工艺流程相对较为简单，仅通过搅拌机将所有原料进行 180 s 的机械拌和，低浆骨比的透水混凝土拌和料在这个过程中无法像普通混凝土拌和料一样充分混合，水泥胶结料不足以均匀包裹骨料表面，将导致水化不充分。骨料表面包裹法是先把总量 20%的水和骨料搅拌 30 s，使得骨料颗粒的表面被充分湿润。水泥和掺和料按比例配置好，与减水剂和剩余 80%的水一起投入搅拌机中搅拌，整个过程应持续 150 s。此时观察拌和料可以发现，包含掺和料在内的水泥胶结料在骨料的表面形成了一层半湿润的粉壳，其流动性与和易性均与普通混凝土拌和料有着极大的差异。骨料表面包裹法能最大限度地保证水分在拌和料中分散均匀，使得水泥胶结料能充分水化，骨料之间得以联结并形成骨架，产生满足指标要求的强度。搅拌持续时间也是影响试件质量的关键因素。透水混凝土搅拌时间应比普通混凝土多 30~60 s。因此，本书搅拌时间采用 180 s。透水混凝土搅拌机如图 2.9 所示，其控制器如图 2.10 所示。

图 2.9　透水混凝土搅拌机

图 2.10　透水混凝土搅拌机控制器

2.3.2　透水混凝土的成型工艺

成型工艺的选择对于透水混凝土试件的质量尤为重要。透水混凝土的原料为无级配的瓜子石，由相对少量的水泥胶结料包裹，该拌和物的流动性与和易性远不如普通混凝土拌和物。因此，在成型过程中若没有采取合理统一的振捣处理过程，则试件的孔隙率和强度等性能将出现较大的随机性。

相比于静压法和手工插捣法，机械振动法是目前实验室与实际工程中最常用的混凝土成型工艺。但是对于透水混凝土来说，机械振动台（图 2.11）的功率过大，一旦振动时间稍长，则以透水混凝土拌和料的超大孔隙率将不可避免地产生漏浆现象，造成胶结料的局部集中，试件强度分布不均匀。而手工插捣法相对来说对胶结料分布情况的扰动较轻，不致产生漏浆，但是做功有限，难以保证振捣的密实。因此本书实验采取手工插捣与机械振动相结合的方式进行振动成型，如图 2.12 所示。

图 2.11　混凝土机械振动台

图 2.12　透水混凝土试模与成型

具体成型过程为：透水混凝土拌和料从搅拌机中倒出并装模，同时用直径 20 mm 的金属棍插捣共 20 次，装至近似与试模顶面平齐。将试模放上机械振动台振动 5 s 后立即取下，继续向试模内装料，并同时手工振捣 20 次，直至拌和料在试模内装填密实。将多余拌和料去除并抹平。

2.3.3　透水混凝土的试件养护

透水混凝土的整体骨架是由单一级配的粗骨料构成的，其胶结稳定性比普通混凝土脆弱，且大量的连通孔隙导致试件在凝固过程中容易快速失水，因此透水混凝土的养护工艺对其早期的成型质量十分关键。

由于透水混凝土的这种特性，自然养护和标准养护手段均难以达到所需要求。本书实验采用薄膜保湿法进行养护。这种方法是在振捣成型之后，用塑料薄膜密封包裹在试模的暴露面，以防止水分的快速蒸发。以这种状态置入养护室洒水保湿 48 h 后拆模，再进行 7 d 的保湿养护和自然养护直至满足 28 d 养护龄期。洒水保湿过程中要注意喷头应与试件保持距离，且水流轻柔，防止水压过大冲刷未凝结的水泥胶结料。

参 考 文 献

[1] 楼俊杰．不同掺和料影响下透水混凝土性能及冻融循环劣化研究［D］．济南：山东大学，2016.

[2] 付培江，石云兴，屈铁军，等．透水混凝土强度若干影响因素及收缩性能的试验研究［J］．混凝土，2009（8）：18-21.

[3] 张红桥，盛光启，张红良．醋酸乙烯-乙烯共聚 VAE 乳液用于混凝土改性的初探［J］．四川联合大学学报（工程科学版），1997（6）：48-50.

[4] 黄政宇，李操旺，刘永强．聚乙烯纤维对超高性能混凝土性能的影响［J］．材料导报，2014，28（20）：111-115.

[5] 张娜．透水混凝土堵塞机理试验研究［D］．济南：山东大学，2014.

[6] 江苏省建工集团有限公司，河南省第一建筑工程集团．透水水泥混凝土路面技术规程：CJJ/T 135—2009［S］．北京：中国建筑工业出版社，2010.

[7] 张朝辉，王沁芳，杨娟．透水混凝土强度和透水性影响因素研究［J］．混凝土，2008（3）：7-9.

第3章 透水路面设计与施工技术

随着“海绵城市”理念的大力推广，透水混凝土成为当今路面施工所用材料的重要选择。由透水混凝土修建的透水路面具有极佳的透水性和透气性，并且具有减小路面噪声、缓解城市“热岛效应”的作用。而透水路面的设计与施工技术是否规范，直接决定了透水路面的最终质量。本章将详细介绍透水路面施工项目中被广泛采用的设计与施工技术。

3.1 透水路面设计

3.1.1 透水铺装设计

透水铺装包括透水沥青路面、透水混凝土路面、透水砖路面等。透水铺装设计应满足下列要求：

（1）铺装面层厚度宜为60~80 mm，面层可采用透水混凝土、透水面砖、草坪砖等；找平层厚度宜为20~40 mm，垫层厚度宜为100~300 mm，垫层可采用无砂混凝土、砾石、砂、砂砾料或其组合形式。

（2）铺装面层孔隙率不小于20%，透水垫层孔隙率不小于30%。

（3）铺装结构应满足相应的承载力和抗冻要求。

（4）当对道路路基强度和稳定性要求较高时，可采用半透水结构。

（5）当土壤透水能力有限时，应在透水基层内设置排水管或排水板。

（6）当设置在地下室顶板上时，顶板覆土厚度不应小于600 mm，并应设置排水层。

下面详细介绍透水混凝土路面的设计方法。

透水混凝土路面结构中的路基应稳定、均质，并应为路面结构提供均匀的支承。基层应具有足够的强度和刚度。透水混凝土路面基层横坡度宜为1%~2%，面层横坡度应与基层横坡度相同。透水混凝土路面的结构类型应按

表3.1选用。

表3.1 透水混凝土路面结构类型

类 型	适用范围	基层与垫层结构
全透水结构	人行道、非机动车道、景观硬地、停车场、广场	多孔隙水泥稳定碎石、级配砂砾、级配碎石及级配砾石基层
半透水结构	轻型荷载道路	混凝土基层+稳定土基层或石灰、粉煤灰稳定砂砾基层

全透水结构的人行道（图3.1）基层可采用级配砂砾、级配碎石及级配砾石基层，基层厚度不应小于150 mm。

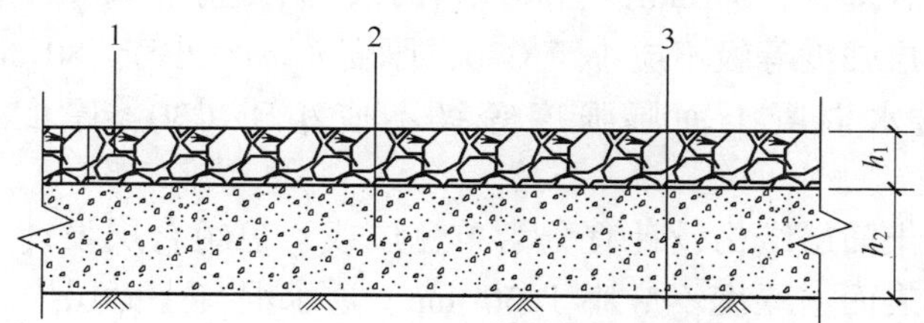

图3.1 全透水结构的人行道

1—透水混凝土面层；2—基层；3—路基

全透水结构的其他道路（图3.2）级配砂砾、级配碎石及级配砾石基层上应增设多孔隙水泥稳定碎石基层，并且多孔隙水泥稳定碎石基层不应小于200 mm。级配砂砾、级配碎石及级配砾石基层不应小于150 mm。

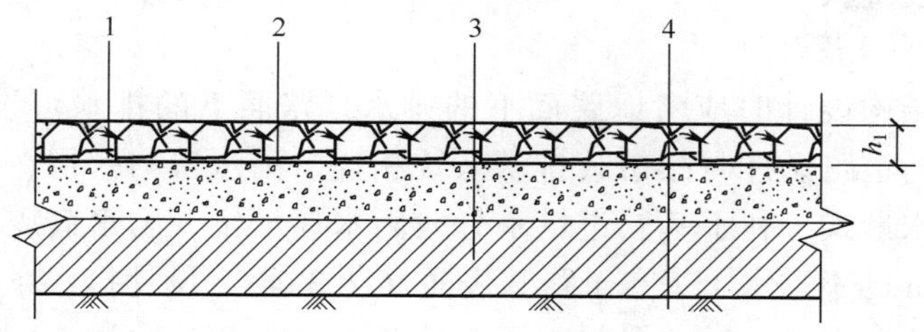

图3.2 全透水结构的其他道路

1—透水混凝土面层；2—多孔隙水泥稳定碎石基层；

3—级配砂砾、级配碎石及级配砾石基层；4—路基

半透水结构道路（图3.3）的水泥混凝土基层的抗压强度等级不应低于C20，厚度不应小于150 mm。稳定土基层或石灰、粉煤灰稳定砂砾基层厚度不应小于150 mm。

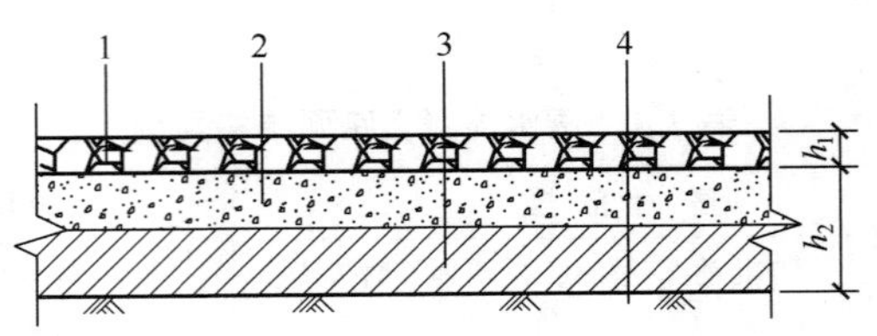

图 3.3 半透水结构道路

1—透水混凝土面层；2—混凝土基层；3—稳定土类基层；4—路基

1. 面层设计

当人行道设计采用全透水结构时，其透水混凝土面层强度等级不应小于 C20，厚度 h_1不宜小于 80 mm；当其他路面采用全透水混凝土结构形式时，其透水混凝土面层强度等级不应小于 C30，厚度 h_1不宜小于 180 mm；设计半透水结构，其透水混凝土面层强度等级不应小于 C30，厚度 h_1 不宜小于 180 mm。

透水混凝土面层结构设计宜分为单色层或双色组合层设计，当采用双色组合层时，其表面层厚度不应小于 30 mm。透水混凝土面层应设计纵向和横向接缝。纵向接缝的间距应按路面宽度在 3.0~4.5 m 范围内确定，横向接缝的间距宜为 4.0~6.0 m；广场平面尺寸不宜大于 25 m^2，面层板的长宽比不宜超过 1.3。当基层有结构缝时，面层缩缝应与其相应结构缝位置一致，缝内应填嵌柔性材料。当透水混凝土面层施工长度超过 30 m 时，应设置胀缝。在透水混凝土面层与侧沟、建筑物、雨水口、铺面的砌块、沥青铺面等其他构造物连接处应设置胀缝。

2. 排水系统设计

全透水结构设计时应考虑路面下的排水，路面下的排水可设排水盲沟，排水盲沟应与道路设计时的市政排水系统相连。雨水口与基层、面层结合处应设置成透水形式，利于基层过量水分向雨水口汇集，雨水口周围应设置宽度不小于 1 m 的不透水土工布于路基表面（图 3.4）。设计排水系统时可利用市政排水沟或雨水口，透水混凝土可直接铺设至市政排水沟或雨水口，面积较大的广场宜设置排水盲沟（图 3.5）。

3.1.2 径流污染控制系统设计

径流污染控制系统主要包括生物滞留设施、雨水湿地、湿式植草沟、植被缓冲带等生态处理设施及过滤设施，沉淀池、调蓄池等非生态处理设施。

径流污染控制系统设施的选择应根据下垫面性质、水环境容量、径流污染程度、雨水用途、工程施工条件、经济性、公众接受度以及每种设施的污

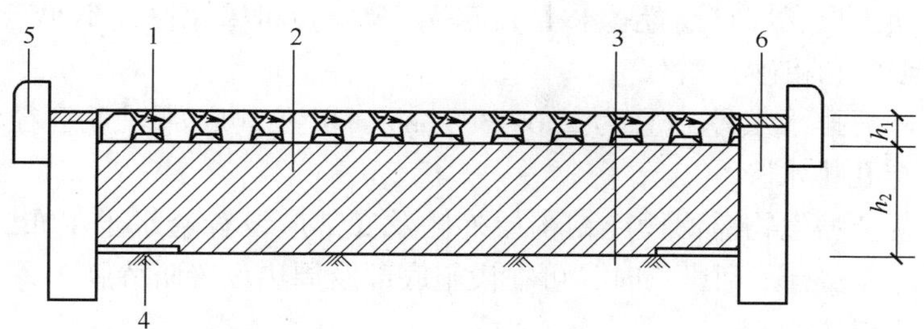

图3.4　透水混凝土路面排水形式（横断面）

1—透水混凝土面层；2—基层；3—路基；4—土工布；5—立缘石；6—雨水口

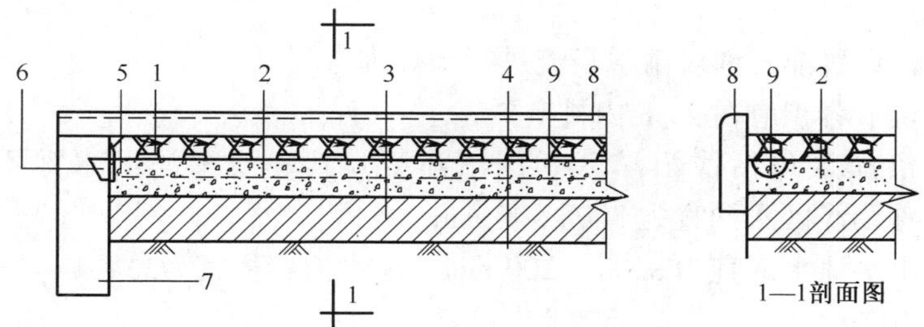

图3.5　排水盲沟结构形式设置（纵断面）

1—透水混凝土面层；2—混凝土基层；3—稳定土类基层；4—路基；
5—不锈钢网；6—排水管；7—雨水口；8—立缘石；9—排水盲沟

染物去除效率等因素综合比较后确定；系统设计应结合景观设计、雨峰控制、雨水入渗等要求统筹设计。本节主要介绍生物滞留设施设计、雨水湿地设计和湿式植草沟设计。

1. 生物滞留设施设计

生物滞留设施设计应满足下列要求。

（1）屋面雨水径流可由雨落水管接入设施，道路雨水径流可通过开口路缘石进入，开口尺寸和数量应根据道路纵坡等经计算确定。

（2）应用于道路绿化带时，当纵坡大于1%应设置挡水堰/台坎，设施靠近路基部分应根据路基的要求进行防渗处理。

（3）宜分散布置且规模不宜过大，设施面积与汇水面面积之比宜为5%~10%。

（4）蓄水层深度宜为200~300 mm，应设置溢流设施，并设100 mm超高。

（5）换土层介质类型及深度应满足出水水质要求，同时符合植物种植及园林绿化养护管理技术要求。

（6）换土层底部宜设置透水土工布隔离层，也可采用厚度不小于 100 mm 的砂层（细砂和粗砂）替代。

（7）砾石排水层厚度宜为 250～300 mm，可在其底部埋置管径为 100～150 mm的穿孔排水管。

（8）复杂型生物滞留设施结构层外侧及底部应设置透水土工布，当渗水对周围建构筑物有不利影响时，可在设施底部及周边设置防渗膜。

2. 雨水湿地设计

雨水湿地设计应满足下列要求。

（1）进水口和溢流出水口应设置碎石、消能坎等消能设施，防止水流冲刷和侵蚀。

（2）应设置前置塘对雨水径流进行预处理。

（3）调节容积应在 24 h 内排空。

（4）沼泽区包括浅沼泽区和深沼泽区，其中浅沼泽区水深不宜大于 300 mm，深沼泽区水深宜为 300～500 mm。

（5）出水池水深宜为 800～1 200 mm。出水池容积宜为总容积（不含调节容积）的 10%。

（6）雨水湿地的工程设计应满足防洪要求。

（7）应根据湿地水深不同种植不同类型的水生植物。

3. 湿式植草沟设计

湿式植草沟设计应满足下列要求。

（1）植草沟长度按下式计算：

$$L = 60vT_1 \tag{3.1}$$

式中 L——植草沟设计段长度，m，宜大于 30 m；

v——平均流速，m/s；

T_1——水力停留时间，min，宜大于 5 min，当小于 5 min 时，宜设置挡水设施。

（2）断面形式宜为梯形、抛物线形或三角形，当为梯形或三角形时，边坡（竖直：水平）不宜大于 1∶3。

（3）纵坡宜为 1%～4%，当纵坡较大时应设置为阶梯形或中途设置消能台坎。

（4）最大流速应小于 0.8 m/s，曼宁系数宜为 0.2～0.3，上顶宽度宜为 600～2 400 mm。

（5）沟内宜种植密集的草皮草，不宜种植乔木及灌木，植被高度应控制在 100～200 mm。

3.1.3　收集利用系统设计

收集利用系统主要包括雨水收集、雨水存储、雨水处理、雨水利用等设施。收集利用系统应优先收集绿化屋面和环保型材料屋面的雨水，不宜收集机动车道路等污染严重的下垫面上的雨水。

收集利用系统设计一般应满足下列规定。

（1）系统处理后的雨水水质应满足要求。

（2）系统规模应经过水量平衡计算和技术经济比较后确定。

（3）当系统设有清水池时，其有效容积应根据产水曲线、供水曲线确定。缺乏资料时可按雨水利用系统最高日设计用水量的25%~35%计算。

（4）当需要消毒时应满足消毒接触时间要求。

1. 雨水收集设施设计

雨水收集设施设计应满足下列要求。

（1）屋面雨水收集系统应独立设置，严禁与建筑污水管连接。

（2）屋面雨水收集系统和雨水存储设施之间的室外输水管道可按雨水存储设施的降雨重现期计算，若设计重现期比上游管道小，应在连接点设检查井或溢流设施。

（3）建设用地内的平面及竖向设计应考虑地面雨水的收集要求，硬化地面雨水应有组织地排向雨水收集设施。

（4）雨水收集系统的管道水力计算和设计应符合《室外排水设计规范》（GB 50014—2006）[1]的规定。

（5）雨水收集口可设置截污挂篮、旋流沉沙等设施，截留污染物。

（6）对屋面、场地雨水径流进行收集利用时，应将初期雨水弃流。

2. 雨水存储设施设计

雨水存储设施设计应满足下列要求。

（1）室内雨水存储设施必须设有溢流装置，且溢流装置必须设在室外。

（2）存储池应设检查口或人孔，有效内径不小于700 mm，检查口下方的池底设集泥坑。

（3）当不具备设置排泥设施或排泥确有困难时，应设搅拌冲洗管道，搅拌冲洗水源宜采用池水，并与自动控制系统联动。

（4）雨水存储池溢流管和通气管应设防虫措施。

（5）雨水存储池可兼作沉淀池，进水和吸水应避免扰动池底沉积物，池体设计可参考GB 50014—2006中平流沉淀池的规定执行。

（6）雨水存储池可采用塑料模块水池、硅砂砌块水池、混凝土水池、钢筋混凝土水池。

(7) 雨水存储池设计应考虑周边荷载的影响，其竖向承载能力及侧向承载能力应大于上层铺装和道路荷载及施工要求，塑料模块使用期限的安全系数应大于2.0。

(8) 塑料模块水池内应具有良好的水流流动性，水池内的流通直径应不小于50 mm。

3. 雨水处理设施设计

雨水处理设施设计应满足下列要求。

(1) 雨水处理工艺流程应根据收集雨水的水量、水质，以及雨水利用的水质要求等因素，经技术经济比较后确定。

1) 回用于景观水体时宜优先选用生态处理设施。

2) 回用于一般用途时，可采用沉淀、过滤、消毒等措施。

3) 当出水水质要求较高时，可采用混凝、深度过滤等设施。

(2) 雨水净化设施前处理应满足下列要求。

1) 雨水存储设施进水口前应设置拦污格栅设施。

2) 利用天然绿地、屋面、广场等汇流面收集雨水时，应在收集池进水口前设置沉泥或沉砂井。

(3) 雨水处理过滤设施宜采用石英砂、无烟煤、重质矿石等滤料。

4. 雨水利用设施设计

雨水利用设施设计应满足下列要求。

(1) 利用供水系统的水量、水压、管道及设备的选择计算等按《建筑给水排水设计规范（2009年版）》（GB 50015—2003）[2]的规定执行。

(2) 供水管网应采取防止回流污染措施，水质标准低的水不得进入水质标准高的水系统。

(3) 供水管道上不得装设取水龙头，并采取以下防止误接、误用的措施。

1) 供水管道外壁应按照设计规定涂色或标识。

2) 当设有取水口时，应设锁具或专门开启工具。

3) 水池（箱）、阀门、水表、给水栓、取水口均应有明显的“雨水”标识。

(4) 供水管材可采用塑钢复合管、PE管或其他内壁防腐性能好的给水管材，且管材及接口应满足国家相关标准要求。

3.1.4 调蓄排放设施设计

需控制面源污染、削减排水管道峰值流量、防止地面积水、提高雨水利用程度时，宜设置雨水调蓄设施。雨水调蓄可采用人工调蓄池、天然洼地、池塘、景观水体等有调蓄容积的设施及场地。

调蓄排放设施的设置一般应符合下列规定。

（1）优先利用区域内的天然洼地、湿地、池塘、景观水体，必要时可建人工调蓄设施或利用雨水管渠进行调蓄。

（2）根据调蓄目的、排水体制、管网布置、溢流管下游水位高程和周围环境等综合考虑后确定调蓄池位置。

（3）与周围地形、地貌和景观相协调，并设置安全防护措施。

调蓄容积需按汇水面积、设计暴雨强度、地表径流系数、用途及周边雨水系统排放能力综合确定。调蓄设施应设置自动控制或人工控制的调蓄排放装置。出水管管径应根据下游管网排水能力及放空时间确定。用于控制径流污染的雨水调蓄池出水应接入污水管网或设置出水处理装置。采用绿地和广场等公共设施作为雨水调蓄设施时，应合理设计雨水的进出口，并设置警示牌。

3.2 结构性透水铺装施工工艺

3.2.1 特点及适用范围

结构性透水铺装的特点及适用范围如下。

（1）通过改变混凝土路面的结构，使雨水能够蓄渗至地下水，减少径流雨水的流量。

（2）结构型透水路面既保证原有混凝土路面的结构强度和使用功能，又能够实现雨水的收集蓄渗，补充地下水。

（3）适合用在小区园林道路、小型广场等雨水流量较大的区域。

3.2.2 工艺原理

不改变混凝土基层结构强度和使用性能，直接在混凝土结构中预埋透水支架，实现混凝土结构面层的透水性能，实现降低雨水径流、蓄渗雨水的作用。

3.2.3 施工方法

结构性透水铺装的施工方法如下。

（1）测量放线。根据周围绿地路缘石确定结构型透水混凝土的高程，保证周围绿地中的泥土不会随雨水流入混凝土面上。对于周围是高填土方的绿地，周围路缘石应换成阻水型高路缘石。

（2）基础开挖。根据实际需要将基础开挖至比周围构筑物低 40 cm，并对基础进行夯实，密实度不小于 95%。

（3）用 DN160 渗排管（上部 120°范围内开直径为 1 cm 的渗透孔 2 个）用透水土工布包裹两层（图 3.6），并将渗管接入附近渗井、模块等收水系统中。

（4）用 3~5 cm 的石子回填 10 cm，2~4 cm 的石子回填 10 cm，1~2 cm 的石子回填 10 cm，回填时要严格控制标高，石子回填压实后平整度不超过 ±10 mm。回填现场如图 3.7 所示，回填后效果如图 3.8 所示。

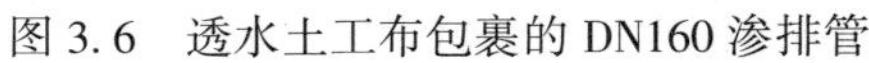

图 3.6　透水土工布包裹的 DN160 渗排管

图 3.7　回填现场

（5）结构型透水模块（图 3.9）拼装。施工时用工程线拉成 2 m×2 m 方格网，保证模块拼装的平整度。

（6）混凝土浇筑。混凝土选用 C30 细石混凝土，浇筑过程中工人脚底铺竹胶板，增大与模块的接触面积，减小人为因素对平整度的影响。图 3.10 所示为浇筑现场。

（7）混凝土表面处理。混凝土浇筑厚度不能太厚，以能露出模块顶为宜。待混凝土初凝后将模块顶盖除去，洒水养护，如图 3.11 所示。

图 3.8　回填后效果

图 3.9　透水模块

图 3.10　浇筑现场

图 3.11　混凝土表面处理

3.3 生态透水人行道施工工艺

3.3.1 特点及适用范围

生态透水人行道的特点如下：

(1) 提高雨水重新利用率，调节城市气候，降低地表温度，缓解城市“热岛现象”。

(2) 可以提高道路舒适性和安全性。

生态透水人行道适用于城市现代雨水控制利用系统的人行道。

3.3.2 工艺原理

路基采用级配碎石基层，干硬性水泥砂浆找平层、透水花砖及过水路缘石、镶边石组成人行道，使雨水透过人行道一部分渗入地下，一部分沿过水路缘石流入绿化带中的溢流井和雨水斗中，收集起来加以利用，实现雨水的积存、渗透和净化。

3.3.3 施工方法

1. 级配碎石基层

提前计算出级配碎石基层（图 3.12）高程，松铺系数为 1.3。打方格网挂线控制高程，级配碎石配合比为 1~2，石子 40%，石屑 60%，做好筛分实验，调整好配合比，使级配碎石卡缝紧密，石子和石屑要洁净，严禁有泥块。摊铺时人工配合机械进行找平，要防止粗、细骨料集中。采用 18 t 振动压路机进行碾压，碾压完成后用灌水法检测压实度（图 3.13），如不合格继续碾压至合格。

2. 过水路沿石安装

过水路沿石（图 3.14）分别设置在快车道与慢车道分隔处，以及中央绿化带、机动车与非机动车分隔带、树池带为下沉式绿化带位置。

过水路沿石采用倒“山”字路沿石安装，保证透水沥青上面层或透水铺装内部收水排入下沉式绿化带。人行道倒“山”字路沿石开口顶面与级配碎石基层顶面相平，将人行道雨水引入树池带内。快车道倒“山”字路沿石开口顶面与上面层透水沥青顶面相平。图 3.15 所示为过水路沿石安装现场。

图 3.12　碎石基层

图 3.13　灌水法检测压实度

图 3.14　过水路沿石

图 3.15　过水路沿石安装现场

每隔 12 m 安装两块“门洞式”路沿石（图 3.16），加速路面雨水排入绿化带的速度；雨水口处路沿石（图 3.17）其中一块路沿石的顶面高程比相邻路沿石的高程低10 cm，保证绿化带内雨水满后由此溢流至雨水口。

3. 透水花砖铺装

提前算好透水砖模数，采用双线纵铺法及打墒填仓法铺设，保证横坡一致。使用水平尺边安装边检测，使之横平竖直。拉 20 m 小线检测纵缝的平顺度。当遇到检查井时，透水砖采用切割机进行切割，保证路面美观。铺设完成后应采用中砂灌缝。曲线外侧透水砖的接缝小于等于 5 mm，内侧大于等于 2 mm，竖曲线透水砖接缝宽度宜为 2～5 mm。留置一处水流观测点，观测雨水是否流向绿化带里。图 3. 18 所示为透水花砖铺装现场，图 3. 19 所示为透水人行道。

图 3. 16 “门洞式”路沿石

图 3. 17 雨水口处路沿石

图 3. 18 透水花砖铺装现场

图 3. 19 透水人行道

3. 4 全透水结构混凝土路面施工工艺

3. 4. 1 特点及适用范围

全透水结构混凝土路面的特点如下：

(1) 根据现场环境和工程特点，透水混凝土面层可以采用艺术装饰性效果与环境完美结合，可根据现场或设计图案施工成多造型、多色彩的艺术性效果。

(2) 现场施工操作合理，施工速度快，经济效益较高。通过调整材料的投料顺序、透水混凝土压制成型的方法等施工工艺、搅拌方法和养护方法，较明显地优化改善了透水混凝土的外观、透水效果、强度和耐久性。

(3) 施工操作简单、工效高。

全透水结构混凝土路面主要适用于广场、停车场、人行道以及车流量和荷载较小的道路，如建筑小区道路、市政道路的非机动车道、休闲广场等。

3.4.2　工艺原理

透水混凝土是由粗骨料及水泥基胶结料经拌和形成的具有连续孔隙结构的混凝土。本方法加入有机增强剂，大大提高了混凝土的强度。

全透水结构水泥混凝土路面施工中，经过混凝土框架式整平机（振动梁）压实找平，磨光机磨光成型，保证了路面强度和平整度，提高了施工速度，避免了透水混凝土拌和物因失水过快而影响路面外观及施工质量的问题。

全透水结构混凝土路面面层用粗骨料使用单级配玄武岩，提高了透水混凝土的强度、耐磨性及外观均匀性。

3.4.3　施工工艺

1. 模板支设

根据设计要求结合现场实际条件安放线支钢模板（图 3.20）。支护钢筋

图 3.20　安放线支钢模板

嵌入基层，内侧钢筋低于模板上表面，支护钢筋间距为500 mm。使用小型振动压路机压实路段，提前留坡，以便压路机驶入。

2. 基层施工

透水基层材料可以使用级配碎石。按照试验室确定的比例将级配碎石摊铺完成后，采用型号为JCC303的3 t小型压路机（图3.21）进行碾压，其中平压3遍，振压2遍，松铺系数为1.17，压实度要求不小于96%。

图3.21　JCC303的3t小型压路机

3. 透水混凝土拌和

严格按设计和配合比要求进行各种材料的称量。拌和料的状态控制要准确，过干对透水混凝土强度有一定的影响，过湿对透水混凝土透水系数有一定的影响。

搅拌工艺：透水混凝土宜现场搅拌，计量后的用水取出少许，约10%备用，在其余水中均匀混入减水剂，缓慢加入搅拌机中；搅拌时间不少于3 min；在搅拌接近结束时，把称量好的增强剂加入到取出的备用水中，均匀混合，加入到运行中的搅拌机中，再继续搅拌至少1 min。

制备彩色透水混凝土时，着色剂随水泥一起加入。加入着色剂后，为使着色剂均匀，搅拌时间应适当延长，一般不少于5 min。

透水混凝土搅拌时，在保证水胶比的前提下，拌和物状态的控制尤为关键。气温高于30 ℃时，拌和物维勃稠度控制在5~8 s，气温低于30 ℃时，拌和物维勃稠度控制在8~15 s。

4. 透水混凝土铺筑

因混凝土流动性差，为了保证路面平整，必须保证混凝土摊铺均匀。下面层摊铺平整后，使用电动平板夯（图 3.22）进行压实，沉降量为 1.5 cm，松铺系数为 1.25；上面层摊铺平整后，使用混凝土框架式整平机（图 3.23）初步压实找平，然后使用磨平机（图 3.24）磨平收光，沉降量为 1.3 cm，松铺系数为 1.32。磨平应及时与摊铺压实同步进行，人工进行上面层补料。待混凝土初凝后（约 3~4 h 后），把增强剂（可适当稀释）以雾状在混凝土表面均匀喷洒，对混凝土表面进行密封。

图 3.22　电动平板夯

图 3.23　混凝土框架式整平机

图 3.24　磨平机

5. 透水混凝土养护

透水混凝土养生宜采用覆盖塑料薄膜和洒水养护，使其在养护期内强度逐渐提高。

采用塑料布覆盖养护的透水混凝土，其全部表面应覆盖严密，并应保持塑料布内有凝结水。浇水次数根据现场温度和湿度情况进行控制，应能保持透水混凝土处于湿润状态，日平均气温低于 4 ℃时，不得浇水。透水混凝土养护用水应与拌制用水相同。

透水混凝土养护时间应根据施工温度而定，一般养护期为 7～14 d。透水混凝土在浇注后 1 d 开始洒水养护，但淋水时不宜用压力水直接冲淋混凝土表面。透水混凝土湿养时间不少于 7 d。

6. 涂覆透明封闭剂

对透水混凝土面层密封前，需对面层进行清洗晒干（图 3.25）。表面干燥 24 h 后即可喷涂封闭剂，增强耐久性和美观性。封闭剂使用甲苯乳液、丙烯酸溶剂、固化剂（聚酰胺、脂环胺或环氧树脂）按照 1∶0.5∶0.2 质量比掺配使用。使用时进行掺配，不可提前掺配。密封要求均匀，无明显色差。

图 3.25　清洗晒干

7. 割缝及灌缝

伸缩缝的位置应在透水混凝土浇筑前按设计要求和施工方案进行预留，每条缝都采用沉降缝处理，宽度为 15 mm。透水混凝土路面强度达到 20%～30%后开始切缝、填缝；并使用聚氨酯低模量嵌缝油膏或聚硫橡胶类嵌缝膏等填缝剂填充变形缝。

8. 透水混凝土维护

对于我国北方城市来说，如果冬季维护不当，使透水混凝土道路内部存入大量水分，会导致冻胀使道路破坏。所以，透水混凝土道路的后期维护是一项非常重要的工作。透水混凝土路面的日常维护包括日常的清扫、封堵孔隙的清理，使透水混凝土道路保持清洁。清理封堵孔隙可采用风机吹扫、高压冲洗等方法。透水混凝土使用期间，严禁超过设计负荷的车辆驶入。

参考文献

[1] 建设部标准定额研究所. 室外排水设计规范：GB 50014—2006 [S]. 北京：中国计划出版社，2006.

[2] 上海市城乡建设和交通委员会. 建筑给水排水设计规范（2009年版）：GB 50015—2003 [S]. 北京：中国计划出版社，2009.

第4章 透水混凝土检测技术

城市化在市场经济发展的过程中得到了极大的发展，而透水混凝土也因其良好的透水性越来越多地被广泛应用于“海绵城市”的建设之中。为了确保建设项目的质量，需要选取合理的检测方法对透水混凝土实施检测，确保透水混凝土的质量，以提升建设项目的整体质量。本章对透水混凝土的检测方法进行了分析，希望能够为相关的人员提供一定的参考。

所谓的透水混凝土，就是将水泥、水以及粗骨料等按照一定的比例进行调配而成的复合材料，这种材料与普通混凝土相比，透水性能较为突出，在生产技术上也较为简单，就现阶段的工程而言，透水混凝土已经得到了极为广泛的应用。然而，透水混凝土本身具有一定的自身局限性，在施工的时候，其很容易受到外界的干扰，从而出现质量问题，这就显示出对透水混凝土实施检测的重要性。选取合理的方法来对透水混凝土进行检测，可以确保透水混凝土的质量。本章将针对透水混凝土重要参数的检测方法进行详尽叙述。

4.1 表观密度的测定

本试验方法可用于透水混凝土拌和物捣实后的单位体积质量的测定。

4.1.1 试验设备

透水混凝土拌和物表观密度检测所用的主要试验设备包括容量筒、电子天平、振动台、捣棒等。

容量筒应为金属制成的圆筒，筒外壁应有提手，容积不小于5 L，容量筒上沿及内壁应光滑平整，顶面与底面应平行并应与圆柱体的轴垂直。容量筒校验方法应符合《容量筒校检方法》（SL 127—2017）标准规定。

电子天平的最大量程应为 50 kg，分度值不应大于 20 g。

振动台应符合行业标准《混凝土试验用振动台》（JG/T 245—2009）的规定。

捣棒应符合行业标准《混凝土坍落度仪》（JG/T 248—2009）的规定。

4.1.2　试验步骤

透水混凝土拌和物表观密度检测试验应按下列步骤进行。

（1）按下列步骤校核容量筒的容积。

1）将干净容量筒与玻璃板一起称重。

2）将容量筒装满水，缓慢将玻璃板从筒口一侧推到另一侧，容量筒内应满水并且不应存在气泡。擦干容量筒外壁，再次称重。

3）两次称重结果之差除以该温度下水的密度应为容量筒容积 V。常温下水的密度可取 1 kg/L。

（2）容量筒内外壁应擦干净，称出容量筒质量 m_1，精确至 10 g。

（3）透水混凝土拌和物的搅拌应按本标准 5.1 执行，将拌和物装入容量桶中，成型工艺应按本标准 5 执行。振动完成后，将桶口多余的透水混凝土拌和物刮去，使表面凹陷与凸起部分体积大致相同，将容量筒外壁擦净，称量透水混凝土拌和物试样与容量筒总质量 m_2，精确至 10 g。

（4）透水混凝土拌和物的表观密度应按下式计算：

$$\rho = \frac{m_2 - m_1}{V} \times 1\,000 \tag{4.1}$$

式中　ρ——透水混凝土拌和物表观密度，kg/m^3；

m_1——容量筒质量，kg；

m_2——容量筒和试样总质量，kg；

V——容量筒容积，L。

结果评定方法为取 3 次测试值的平均值作为该组试件的表观密度测定值。3 个测试值中的最大值或最小值中如有一个与中间值的差值超过中间值的 5%时，则取中间值作为该组试件的测定值；如最大值和最小值与中间值的差值均超过中间值的 5%时，则该组测试结果无效。

4.2　均匀性的测定

本试验方法用于透水混凝土拌和物均匀性的测定。

4.2.1 试验设备

透水混凝土均匀性主要试验设备包括电子天平、捣棒、烘箱、试验筛、压力试验机等。

湿拌透水混凝土均匀性试验用电子天平最大量程应为10 kg，分度值为1 g；硬化透水混凝土均匀性试验用电子天平最大量程应为5 kg，分度值为0.5 g。

捣棒应符合行业标准JG/T 248—2009的规定。

烘箱应符合国家标准《电热干燥箱及电热鼓风干燥箱》（GB/T 30435—2013）的规定。

试验筛的筛孔公称直径应小于骨料的最小粒径，并应符合国家标准《试验筛 技术要求和检验 第2部分：金属穿孔板试验筛》（GB/T 6003.2—2012）的规定。

压力试验机应符合《普通混凝土力学性能试验方法标准》（GB/T 50081—2002）的规定。

4.2.2 试验步骤

透水混凝土均匀性试验分为新拌透水混凝土均匀性和成型后透水混凝土稳定性。

1. 新拌透水混凝土均匀性试验步骤

（1）从搅拌机口分别取最先出机和最后出机的混凝土试样各两份（分为两组），取样时间间隔不得超过5 min，每份混凝土试样质量为5 kg，精确至1 g。

（2）将所取的混凝土试样倒入方孔筛，用水冲洗，筛得各份骨料。

（3）将筛取后的两组骨料放入（105±5）℃的烘箱中烘干至恒重，取出放在干燥器内冷却至室温，分别称取各组骨料质量 m_{j1}、m_{j2}，精确至1 g。

（4）新拌透水混凝土拌和物的均匀性可用先后出机取样的透水混凝土含浆量比率作为评定的依据。透水混凝土含浆量比率应按下式计算：

$$D = \frac{5\,000 - m_{j1}}{5\,000 - m_{j2}} \times 100\% \tag{4.2}$$

式中 D——新拌透水混凝土含浆量比率，%，精确至0.1；

m_{j1}——先出机取样的透水混凝土骨料质量，g；

m_{j2}——后出机取样的透水混凝土骨料质量，g。

（5）结果评定方法为取两组新拌透水混凝土含浆量比率的平均值作为该

组试件的新拌透水混凝土均匀性的测定值。如两组新拌透水混凝土含浆率比率的差值超过15%时，则该组测试结果无效。

2. 成型后透水混凝土稳定性试验步骤

（1）将新拌透水混凝土装入图4.1所示的分层度仪中，并高出管顶端4~5 cm，开启振动台，振动15 s后关闭，用抹刀将表面的多余透水混凝土刮去并抹平。

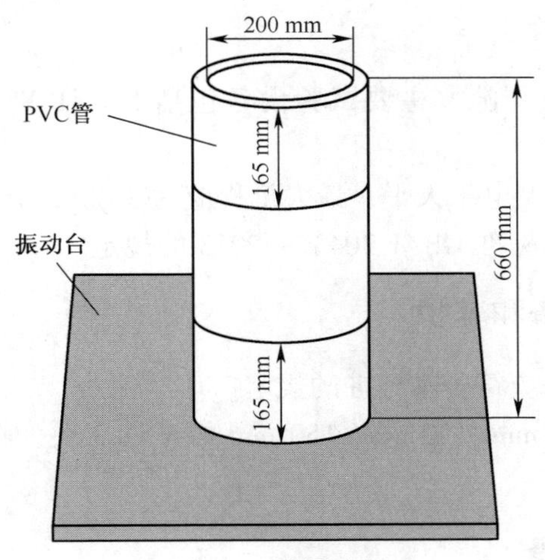

图4.1 分层度仪

（2）将上层中的透水混凝土取出并称重记作 m_{top}，之后全部放入5 mm筛中用水冲洗，将泥浆彻底冲洗干净，放入托盘1。

（3）再将下层中的透水混凝土取出并称重记作 m_{bot}，同样放入5 mm筛中将泥浆彻底冲洗干净，放入托盘2。

（4）将两个托盘的石子做好标记后放入烘箱中烘至恒重，之后称取各自的质量，分别记作 m'_{top} 和 m'_{bot}，然后用下式计算上、下层集料的百分数 P_{top} 和 P_{bot}。

$$P_{top} = \frac{m'_{top}}{m_{top}} \times 100\%,\ P_{bot} = \frac{m'_{bot}}{m_{bot}} \times 100\% \tag{4.3}$$

（5）用分层指数反映透水混凝土在外力振动作用下浆体的稳定性。

分层指数公式为

$$I_{seg} = 2 \times \frac{P_{top} - P_{bot}}{P_{top} + P_{bot}} \times 100\% \tag{4.4}$$

（6）结果评定方法为取两次分层指数测试值的平均值作为该组试件的透水混凝土稳定性测定值。如两组透水混凝土分层指数的差值超过15%时，则该组测试结果无效。

4.3 有效孔隙率的测定

本试验方法用于透水混凝土有效孔隙率的测定。

4.3.1 试验设备

透水混凝土有效孔隙率主要试验设备包括 Excell YSH-30 型电子天平、烘箱、铁丝笼等。

Excell YSH-30 型电子天平，最大量程应为 30 kg，分度值为 1 g。

烘箱应符合国家标准 GB/T 30435—2013 的规定。

4.3.2 试件制备和养护

试件制备的方法应符合本标准的规定。

制备尺寸为 150 mm×150 mm×150 mm 的试件 3 块，在标养室内养护 7 d 以上。

4.3.3 试验步骤

透水混凝土有效孔隙率试验应按下列步骤进行。

（1）将试件放入 60 ℃的烘箱中烘干至恒重，取出放在干燥器内冷却至室温，用直尺量出试件的尺寸，并计算出其体积 V。

（2）电子天平下方吊一个可以盛放试件的铁丝笼并将天平归零，再将试件放置于铁丝笼中，使其完全浸泡在水中（图 4.2），待无气泡出现时，测量试件在水中的质量 m_a。

（3）取出试件，放在 60℃的烘箱中烘干至恒重，测量试件的质量 m_b。

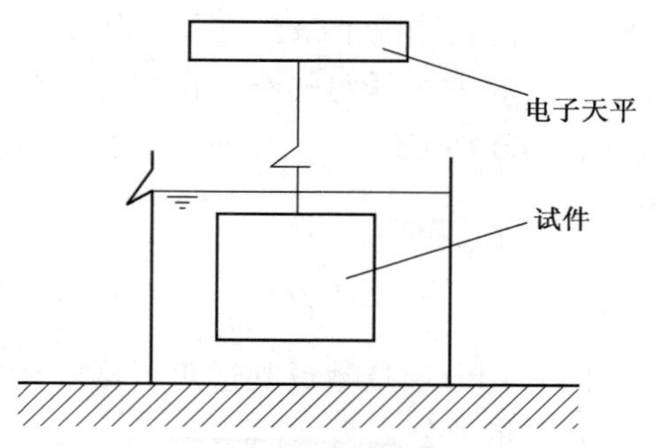

图 4.2 试件在水中测试示意图

透水混凝土有效孔隙率应按下式计算：

$$\nu = \left(1 - \frac{m_b - m_a}{\rho V_0}\right) \times 100\% \tag{4.5}$$

式中　ν——透水混凝土有效孔隙率,%，精确至 0.1；

m_a——试件在水中的质量，g；

m_b——试件在烘箱中烘 24h 后的质量，g；

ρ——水的密度，g/cm^3；

V_0——试件的体积，cm^3。

结果评定方法为取 3 个试件测试值的平均值作为该组试件的孔隙率测定值。3 个测试值中的最大值或最小值中如有一个与中间值的差值超过中间值的 5%时，则取中间值作为该组试件的测定值；如最大值和最小值与中间值的差值均超过中间值的 5%时，则该组测试结果无效。

4.4　渗透系数的测定

本书采用一种新型渗透性试验装置和试验方法对透水混凝土的渗透系数进行测定[5]。

4.4.1　试验设备

透水混凝土渗透系数的测定试验设备包括宽度约 4 cm 的防水胶带、新型渗透性试验装置、分度值为 1 mm 的钢直尺等（图 4.3）。

图 4.3　透水系数的测定试验装备

4.4.2 透水混凝土堵塞模拟试验装置的功能

改进后的透水混凝土堵塞模拟试验装置的主要功能如下：

（1）对现有的渗透性测试方法进行了改进，新设计的透水混凝土堵塞模拟试验装置可避免透水混凝土试件渗透性试验中的侧壁渗漏问题。

（2）对堵塞过程中透水混凝土渗透系数的演变过程进行在线实时测量。

（3）同步监测堵塞过程中透水混凝土电阻率的变化规律。

（4）模拟透水混凝土路面地表洪流的水平径流。

（5）模拟透水混凝土桩复合地基管涌过程。

4.4.3 透水混凝土渗透系数的测试方法

为验证本书提出的改进的透水混凝土渗透系数测试方法的有效性，采用了3种不同的渗透系数测试方法对一组钻芯取样试件和试验室试模制备的试件进行了渗透性试验。透水混凝土试件所用粗骨料为5～10 mm的石灰岩碎石，水灰比为0.36，分别制备了目标孔隙率为10%、15%、20%、25%的透水混凝土试件。通过采用两种现有的渗透系数测试方法和本书提出的改进的渗透系数测试方法，分别对不同孔隙率的钻芯取样试件和试模制备试件进行了渗透系数测试，测试结果如图4.4所示。

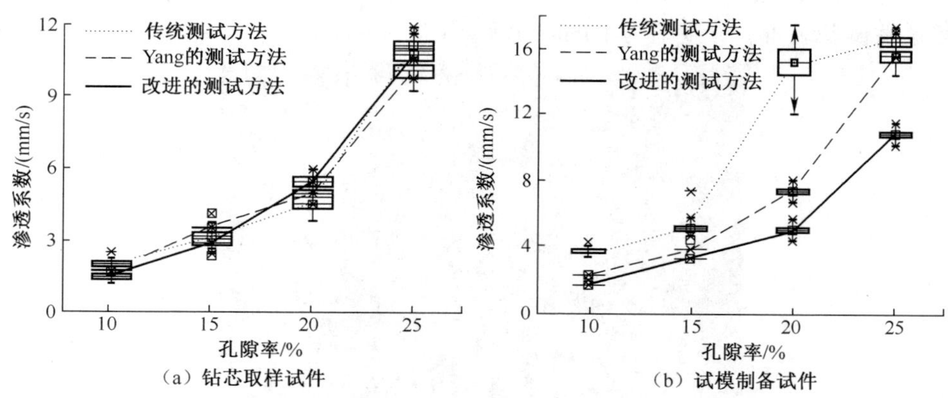

（a）钻芯取样试件 （b）试模制备试件

图4.4 不同渗透系数测试方法测得的渗透系数随孔隙率变化曲线

由图4.4（a）可见，对于钻芯取样试件，用改进的渗透系数测试方法测得的渗透系数与另外两种现有的渗透系数测试方法的测试结果非常接近，这说明3种渗透系数测试方法均能够准确地测得钻芯取样试件的渗透系数。但是，从图4.4（b）中试模制备的透水混凝土试件的渗透性试验结果可以发现，用3种方法测得的渗透系数有明显的差别，传统的渗透系数测试方法测得的渗透系数最大，Yang[4] 的测试方法测得的渗透系数次之，而改进的测试方法测得的渗透系数最小。与传统的测试方法相比，当透水混凝土孔隙率为25%时，Yang 的测试方法测得的渗透系数只减少了 5.13%，而改进的测试方法测得渗透系数减少了 34.3%。同时，随着透水混凝土试件孔隙率的增大，用改进的测试方法测得渗透系数与另外两种现有的渗透系数测试方法之间的差别也逐渐增大，这是因为试模制备的透水混凝土试件侧表面的开口孔隙的尺寸随孔隙率的增大而增大。

通过对比图 4.4（a）和图 4.4（b）发现，当采用改进的渗透系数测试方法时，试模制备的透水混凝土试件的渗透系数与钻芯取样试件的相近，但当采用另外两种现有的渗透系数测试方法时，试模制备试件的渗透系数却明显大于钻芯取样试件，这说明两种现有的渗透系数测试方法不能准确测得试模制备试件的渗透系数，而改进的测试方法则避免了侧壁渗漏对测定渗透系数的影响，能够较准确地测得试验室试模制备的透水混凝土试件的渗透系数。

4.5 抗压强度的测定

本方法适用于测定透水混凝土立方体抗压强度。

4.5.1 试验设备

试验采用的压力试验机应符合以下规定：测量精度为±1%，试件破坏荷载应大于压力机全量程的 20%且小于压力机全量程的 80%。应具有加荷速度显示装置或加荷速度控制装置，并应能均匀、连续加荷。

4.5.2 试件制备和养护

试件制备的方法应符合本标准的规定。

取先行进行了透水速率测试的尺寸为 150 mm×150 mm×150 mm 的试件 3 块，将表面水用湿布擦干。

4.5.3 试验步骤

透水混凝土立方体的抗压强度试验应按下列步骤进行。

（1）试件从养护地点取出后应及时进行试验，将试件表面与上下承压板面擦干净。

(2) 将试件安放在试验机的下压板或垫板上，试件的承压面应与成型时的顶面垂直。试件的中心应与试验机下压板中心对准，开动试验机，当上压板与试件或钢垫板接近时，调整球座，使接触均衡。

(3) 在试验过程中应连续均匀地加荷，加荷速度取 0.3~0.5 MPa/s。

(4) 当试件接近破坏开始急剧变形时，应停止调整试验机油门，直至破坏，然后记录破坏荷载。

透水混凝土立方体抗压强度应按下式计算：

$$f = F/A \tag{4.6}$$

式中 f——透水混凝土立方体试件抗压强度，MPa；

F——试件破坏荷载，N；

A——试件承压面积，mm^2。

透水混凝土立方体抗压强度结果评定方法为取 3 个试件测试值的平均值作为该组试件的抗压强度测定值。3 个测试值中的最大值或最小值中如有一个与中间值的差值超过中间值的 15%时，则取中间值作为该组试件的测定值；如最大值和最小值与中间值的差值均超过中间值的 15%时，则该组测试结果无效。

采用非标准试件时，尺寸换算系数应由试验确定。

4.6 劈裂抗拉强度的测定

本方法适用于测定透水混凝土劈裂抗拉强度。

4.6.1 试验设备

试验采用的压力试验机应符合以下规定：测量精度为±1%，试件破坏荷载应大于压力机全量程的 20%且小于压力机全量程的 80%。应具有加荷速度显示装置或加荷速度控制装置，并应能均匀、连续加荷。

4.6.2 试件制备和养护

试件制备的方法应符合本标准的规定。

制备尺寸为 150 mm×150 mm×150 mm 的试件 3 块，在标养室内养护 28 d。

4.6.3 试验步骤

透水混凝土立方体的劈裂抗拉强度试验应按下列步骤进行。

（1）试件从养护地点取出后应及时进行试验，将试件表面与上下承压板面擦干净。

（2）将试件安放在试验机的下压板的中心位置，劈裂承压面和劈裂面应与试件成型时的顶面垂直。在上、下压板与试件之间垫以圆弧形垫块及垫条各一条，垫块与垫条应与试件上、下面的中心线对准并与成型时的顶面垂直。

（3）开动试验机，当上压板与圆弧形垫块试件或钢垫板接近时，调整球座，使接触均衡。在试验过程中应连续均匀地加荷，加荷速度取 0.02～0.05 MPa/s。当试件接近破坏开始急剧变形时，应停止调整试验机油门，直至破坏，然后记录破坏荷载。

透水混凝土劈裂抗拉强度应按下式计算：

$$f_{ts} = \frac{2F}{\pi A} = 0.637\frac{F}{A} \tag{4.7}$$

式中　f_{ts}——透水混凝土劈裂抗拉强度，MPa；

F——试件破坏荷载，N；

A——试件劈裂面面积，mm^2。

透水混凝土劈裂抗拉强度结果评定方法为取 3 个试件测试值的平均值作为该组试件的劈裂抗拉强度测定值。3 个测试值中的最大值或最小值中如有一个与中间值的差值超过中间值的 15%时，则取中间值作为该组试件的测定值；如最大值和最小值与中间值的差值均超过中间值的 15%时，则该组测试结果无效。

采用非标准试件时，尺寸换算系数应由试验确定。

4.7　抗剥蚀性的测定

本方法适用于测定透水混凝土抗剥蚀性。

4.7.1　试验设备

测定透水混凝土抗剥蚀性所用试验设备主要包括：电子天平，最大量程应为 5 kg，分度值为 0.1 g；试验筛，应符合国家标准 GB/T 6003.2—2012 的规定；洛杉矶磨耗试验机；筛子、测量直尺、铲子等。

4.7.2　试件制备和养护

试件制备的方法应符合本标准的规定。

制备尺寸为 ϕ100 mm×200 mm 的圆柱体试样 3 块，在标养室内养护 28 d。

4.7.3 试验步骤

透水混凝土抗剥蚀性能试验应按下列步骤进行。

（1）按透水混凝土标准成型方法成型 ϕ100 mm×200 mm 的圆柱体试样，1 组 3 块，成型 2 组备用。

（2）标准养护 28 d 后，从标养室先取出一组，然后用湿毛巾将试件表面擦干。

（3）用天平称取饱和面干试件的初始质量 m_1，精确至 1 g。

（4）将 3 个试件放入洛杉矶磨耗试验机内，不加钢球。开启试验机，控制试验机转速为 30~33 r/min，共计 500 转。

（5）500 转以后，将剥蚀试验后的试件放置在 25 mm 试验筛上，进行筛分。称取筛子上混凝土的质量 m_2，精确至 1 g。

透水混凝土抗剥蚀性可用剥蚀质量损失率作为评定的依据。透水混凝土剥蚀质量损失率应按下式计算：

$$B = \frac{m_{b1} - m_{b2}}{m_{b1}} \times 100\% \tag{4.8}$$

式中 B——透水混凝土剥蚀质量损失率，%，精确至 0.1；

m_{b1}——透水混凝土试件的初始质量，g；

m_{b2}——剥蚀试验后透水混凝土试件的质量，g。

4.8 抗冻性的测定

本方法适用于测定透水混凝土试件在气冻水融条件下，以经受的冻融循环次数来表示透水混凝土的抗冻性。

4.8.1 试验设备

试验设备应符合下列规定。

（1）冻融试验箱应能使试件静止不动，并应通过气冻水融进行冻融循环。在满载运转的条件下，冷冻期间冻融试验箱内空气温度保持在−20~−18 ℃的范围内；融化期间冻融试验箱内浸泡混凝土试件的水温保持在 18~20 ℃范围内；满载时冻融试验箱内各点温度极差不应超过 2℃。

（2）试件架应采用不锈钢或者其他耐腐蚀的材料制作，其尺寸应与冻融试验箱和所装试件相适应。

（3）称量设备的最大量程应为20 kg，感量不应超过5 g。

（4）压力试验机测量精度为±1%，试件破坏荷载应大于压力试验机全量程的20%且小于压力试验机全量程的80%，应具有加荷速度显示装置或加荷速度控制装置，并应能均匀、连续加荷。

（5）温度传感器的温度检测范围不应小于-20～20 ℃，测量精度应为±0.5 ℃。

4.8.2　试件制备和养护

试件制备的方法应符合本标准的规定。

制备尺寸为150 mm×150 mm×150 mm的试件3组。

4.8.3　试验步骤

透水混凝土抗冻性能试验应按照下列步骤进行。

（1）在标准养护室内或同条件养护的冻融试验的试件应在养护龄期为24 d时提前将试件从养护地点取出，随后应将试件放在（20±2）℃水中浸泡，浸泡时水面应高出试件顶面20～30 mm，在水中浸泡时间应为4 d，试件应在28 d龄期时开始进行冻融试验。始终在水中养护的冻融试验的试件，当试件养护龄期达到28 d时，可直接进行后续试验，对此种情况，应在试验报告中予以说明。

（2）当试件养护龄期达到28 d时应及时取出冻融试验的试件，用湿布擦除表面水分后应对试件分别编号、称重，并对外观详细观察，详细记录试件表面破损及边角损失情况，然后按编号置入试件架内，且试件架与试件的接触面积不宜超过试件底面的1/5。试件与箱体内壁之间应至少留有20 mm的空隙。试件架中各试件之间应至少保持30 mm的空隙。

（3）冷冻时间应在冻融箱内温度降至-18 ℃时开始计算。每次从装完试件到温度降至-18 ℃所需的时间应在1.5～2.0 h内。冻融箱内温度在冷冻时应保持在-20～-18 ℃。

（4）每次冻融循环中试件的冷冻时间不应小于4 h。

（5）冷冻结束后，应立即加入温度为18～20 ℃的水，使试件转入融化状态，加水时间不应超过10 min。控制系统应确保在30 min内，水温不低于10 ℃，且在30 min后水温能保持在18～20 ℃。冻融箱内的水面应至少高出试件表面 20 mm。融化时间不应小于 4 h。融化完毕视为该次冻融循环结束，可进入下次冻融循环。

（6）每一次循环宜对冻融试件进行一次外观检查。当出现严重破坏时，应立即进行称重。当一组试件的平均质量损失率超过 5%时，可停止其冻融循环试验。

（7）试件在达到规定的 25 次冻融循环次数或施工方委托的冻融循环次数后，试件应称重并进行外观检查，应详细记录试件表面破损及边角损失情况。

（8）当冻融循环因故中断且试件处于冷冻状态，直至恢复冻融试验为止，并应将故障原因及暂停时间在试验结束中注明。当试件处在融化状态下因故中断时，中断时间不应超过两个冻融循环的时间。在整个试验过程中，超过两个冻融循环时间的中断故障次数不得超过两次。

（9）当部分试件由于失效破坏或者停止试验被取出时，应用空白试件填充空位。

（10）对比试件应继续保持原有的养护条件，直到完成冻融循环后，与冻融试验的试件同时进行抗压强度试验。

当冻融循环出现下列 3 种情况之一时，可停止试验。

（1）已达到规定的循环次数。

（2）抗压强度损失率已达到 25%。

（3）质量损失率已达到 5%。

抗冻标号应以抗压强度损失率不超过 25%，或者质量损失率不超过 5%时的最大冻融循环次数确定。

冻融实验后抗压强度损失率按下式计算，计算结果精确至 0.1：

$$\Delta R = \frac{R - R_{\mathrm{D}}}{R} \times 100\% \tag{4.9}$$

式中 ΔR——冻融循环后的抗压强度损失率，%；

R——对比试件抗压强度实验结果的平均值，MPa；

R_{D}——冻融试验后试件抗压强度实验结果的平均值，MPa。

4.9 抗堵塞性的测定

本方法适用于测定透水混凝土试件在堵塞砂土影响下，在经受一定的堵塞、雨淋、干燥循环后，仍能保持透水混凝土使用要求的透水速率的性能。

4.9.1　试验设备

试验设备应用符合本标准的透水速率测试设备。

4.9.2　试件制备和养护

试件制备的方法应符合本标准的规定。

制备尺寸为 150 mm×150 mm×150 mm 的试件 3 组。

使用养护 7 d 的试件进行测试。

4.9.3　试验步骤

透水混凝土透水速率保持率试验应按照下列步骤进行。

（1）按照表 4.1 的颗粒粒径分布配制堵塞砂土。

表 4.1　堵塞砂土颗粒粒径分布

粒径/mm	筛子目数	质量比例/%
1.18～2.36	8～14	20
0.6～1.18	14～28	20
0.3～0.6	28～48	20
0.15～0.3	48～100	15
小于 0.15	100 以上	25

（2）按 4.4.3 小节的方法测试试件的初始透水速率 v_{T0}。之后放入 60℃的烘箱中烘干至恒重，取出放在干燥器内冷却至室温。

（3）将试件安装到透水速率测试设备上，然后在试件表面平铺上 200 g 的堵塞砂土。

（4）将 3 L 的清水通过喷壶用 5～10 min 喷淋在试件上，待水完全渗过试件后，小心地将试件从测试设备上取下，放入托盘并放入 60℃的烘箱中烘干至恒重，取出放在干燥器内冷却至室温。

（5）用小毛刷轻轻地清扫试件上表面直至没有沙土扫落。

此时试件算经历了一次堵塞试验，然后进入下一个抗堵塞循环，重复上述步骤，分别测试该试件经历 10 次、15 次、20 次堵塞循环后的透水速率 V_{Tn}。

透水速率保持率应按下式计算：

$$P = \frac{V_{Tn}}{V_{T0}} \times 100\% \tag{4.10}$$

经历相应次数的堵塞循环后，透水混凝土透水速率保持率的结果评定方法为取3个试件测试值的平均值作为该组试件的透水速率保持率。3个测试值中的最大值或最小值中如有一个与中间值的差值超过中间值的15%时，则取中间值作为该组试件的测定值；如最大值和最小值与中间值的差值均超过中间值的15%时，则该组测试结果无效。

4.10 试验数据的修约与试验报告

4.10.1 试验数据的修约

试验数据应读至仪器、量具的最小分度值，按产品允许偏差的规定，确定修约位数和修约间隔，修约规则应符合《数值修约规则与极限数值的表示和判定》（GB/T 8170—2008）的规定。

4.10.2 试验数据的比较方法

试验值或计算值均按GB/T 8170—2008采用修约值比较法。

4.10.3 试验报告

试验报告应包括下列主要内容。

（1）生产厂名。

（2）产品名称和等级。

（3）标准编号。

（4）产品编号、规格和数量。

（5）试验项目名称。

（6）试验日期。

（7）试验结果。

（8）试验人员、审批人员。

（9）试验部门签章。

（10）试验报告日期。

参考文献

[1] 宋中南，石云兴．透水混凝土及其应用技术［M］．北京：中国建筑工业出版社，2011.

[2] 苏明．透水混凝土技术应用探讨［J］．山西建筑，2007，33（4）：190-191.
[3] Neville A M. Properties of Concrete [M]. Essex: Addison Wesley Longman Limited, 1996.
[4] Yang Z F. Study on material design and road performances of porous concrete [D]. Wuhan: Wuhan University of Technology, 2008.
[5] 张娜．透水混凝土堵塞机理试验研究［D］．济南：山东大学，2014.

附录　试验用主要仪器和量具

序号	名　　称	测量范围	精确度	分度值
1	钢卷尺	5 000 mm 10 000 mm	Ⅱ级 Ⅱ级	1 mm 1 mm
2	钢直尺	0~300 mm	±0. 08 mm	0. 5 mm
3	试块磨具			
	磨蚀用试块磨具			
4	渗透系数测定仪			
5	磨蚀机			
6	抗冻试验机			

第5章 透水混凝土的强度与渗透性的关系研究

透水混凝土因强透水性被广泛用于道路、建筑、水利等领域的排水结构，在透水混凝土的配合比设计、施工方法及力学性能等方面已有较多研究。Meininger[1]与Paine[2]分别通过室内模型试验开展了透水混凝土用于排水路面材料的研究，其中包括最佳孔隙率、水灰比、路面压实与养护方法以及基层要求、施工方法等。Yang等[3]通过室内路面模型试验研究发现，添加硅粉及增塑剂可有效提高透水性混凝土的强度，并且能保证它的渗透性、耐磨性及耐冻融性满足工程要求。

虽然人们已对透水混凝土渗透性和强度等性能指标进行了大量研究，但实践证明，透水混凝土的渗透性与强度是一对矛盾体，此消彼长，如何寻求合适的平衡点是设计者最为关心的问题。因此，研究强度与渗透性的关系、建立强度-渗透性模型对于工程应用具有重要意义。而目前缺乏对此类模型的深入研究。另外，现有的透水混凝土渗透性试验装置和方法均未充分考虑试件侧面开放通道带来的侧壁渗漏影响，导致渗透系数测试精度不够。鉴于此，本章将根据透水混凝土的自身特点，研制一种新型渗透性试验装置，提出渗透系数精确测试方法，并通过渗透性和强度试验，建立透水混凝土强度-渗透性等关系模型。

5.1 透水混凝土渗透试验装置研制

现有的一些混凝土渗透系数测试装置只适用于渗透性较低（流速小于0.01 mm/s）的普通混凝土。虽然针对孔隙率较大、渗透性较强（流速大于1 mm/s）的透水混凝土也有人设计了一些测试装置，但存在一些缺陷，测试精度不够。目前透水混凝土渗透系数测试装置的最大缺陷是没有充分考虑试件侧壁的渗漏问题。这是因为透水混凝土试件表面分布着大量开口孔隙，这些孔隙直接与侧壁贯通形成开放通道，开放通道的阻力小，水很容易从开放通道流出［图 5.1（a）］，从而改变渗流路径，使得所测渗透系数明显偏大。杨志峰[4]曾试图将试件端部与套筒内壁接触处密封，这样虽然在一定程度上减小了侧漏，但试件侧面主体开放通道仍然存在，进入试件内部的水依然容易进入这些开放通道，从试件流出［图 5.1（b）］，导致测试结果仍然偏大。本书作者研制了一种适用于精确测试透水性混凝土渗透系数的装置（专利号：ZL201120452399.9），其优点是可以防止侧壁渗漏，操作简便，价格低廉，测试精度高。该渗透仪主体结构（图 5.2）包括储水套筒、进水软管、进水口、

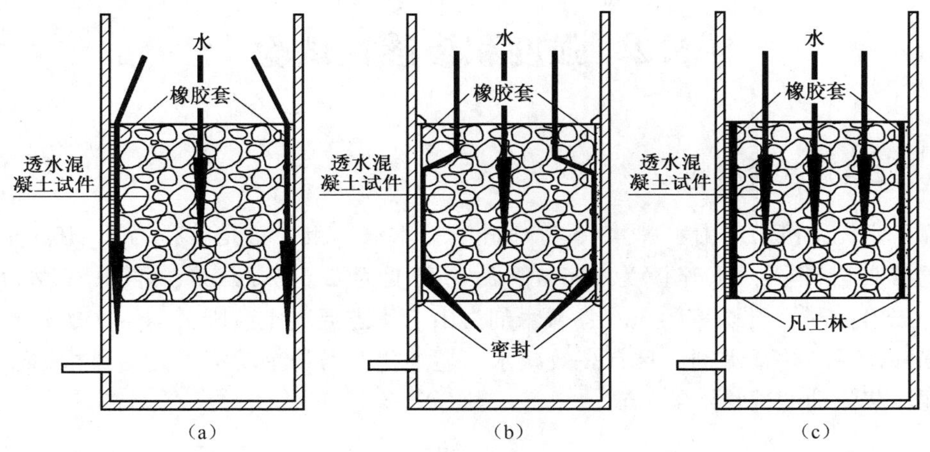

图 5.1　渗流路径示意图

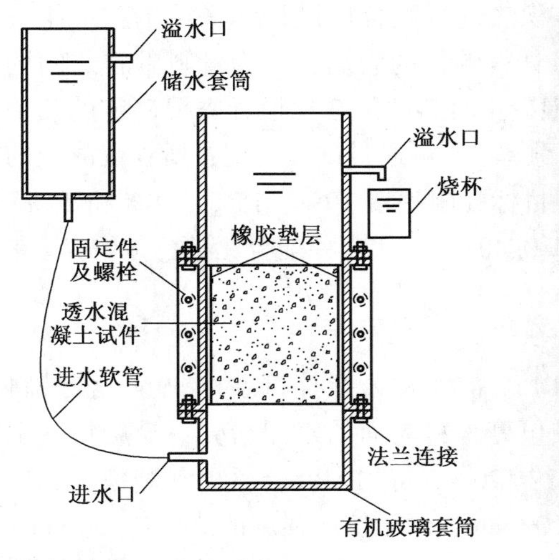

（a）原理图　　（b）实物图

图 5.2　透水混凝土渗透系数测试装置

有机玻璃套筒、橡胶垫层、圆柱形试件、溢水口、烧杯。其中有机玻璃套筒分为3节，用法兰螺栓连接；上、下2节分别设置进水口和出水口；中间1节套筒的设计对防止侧壁渗漏至关重要，它由左右2个半套筒组成。为防止透水混凝土试件侧漏，采用了试件侧面防水涂抹+柔性夹层+套筒刚性壁的复合结构，即试验前用黄油或凡士林涂抹试件侧面，以封堵试件开口空隙；套筒内铺橡胶柔性垫层，这样试件与套筒间就由刚性连接变为柔性连接，进一步防止侧壁渗漏，使水的渗流路径达到图5.1（c）所示的理想状态。

5.2 强度和渗透性试验

5.2.1 试验材料

水泥为济南产山水牌42.5普通硅酸盐水泥；粗骨料是粒径为5~10 mm的石灰岩碎石，压碎值为8.6%，表观密度为2 665 kg/m^3，堆积密度为1 655 kg/m^3，孔隙率为38%；减水剂为山东华志混凝土有限公司生产的氨基磺酸盐系高效减水剂，具有高效减水、超塑化、增强等功能，其用量根据水泥净浆流动度试验结果选取。

5.2.2 配合比设计

参照2.2节的方法，试验采用体积法进行配合比设计。采用单粒级粗骨料作为骨架，水泥净浆薄层包裹在粗骨料颗粒的表面，作为骨料颗粒之间的胶结层，形成骨架-空隙结构的多孔混凝土材料。配合比设计需要确定的几个关键参数有：骨料在紧密堆积下的空隙率V，可通过试验测定；所拌混凝土的目标孔隙率P和水灰比$R_{w/c}$，试验中目标孔隙率取10%、15%、20%和25%，水灰比取0.32、0.34、0.36、0.38和0.40。共对20种配合比进行了研究。

5.2.3 试件的制作与养护

参照2.3节的方法。先将骨料和15%的水加入搅拌机预拌30 s，使骨料表面润湿；再加入水泥拌和，以形成包裹骨料表面的水泥粉壳；最后将减水剂和剩余的水混合均匀后倒入，搅拌约120 s，待均匀混合后出料装模。试件有3种尺寸规格：100 mm×100 mm×100 mm，用于抗压强度的测试；400 mm×100 mm×100 mm，用于抗折强度的测试；100 mm×100 mm，用于渗透系数的测试。成型方法采用振动成型，振动时间为15 s。养护方法采用标准养护。

试件成型 24 h 后拆模，将试件置于标准养护室内养护。

5.2.4　强度试验

参照《普通混凝土力学性能试验方法标准》（GB/T 50081—2002）[5] 进行强度试验。采用液压万能压力机加压，加载速度为 0.5～0.8 MPa/s。试验中取 3 个试件的均值作为测试值。

5.2.5　渗透性试验

利用自行研制的渗透仪，透水性混凝土渗透系数的测试方法如下：

（1）将一定龄期的试件取出，擦干表面并在侧面涂抹黄油或凡士林，然后敷以柔性橡胶垫层；将试件安装在有机玻璃套筒的中间段，并将固定螺栓拧紧；最后将套筒 3 个部分连接，并用软管与储水套筒连接。

（2）打开水龙头，从储水套筒开始缓慢注水，水流自下而上灌满整个试件套筒，且储水套筒和试件套筒均开始溢流；调节储水套筒高度使水位差保持在尽量小的水平，以保证水流处于层流状态；静置数分钟，待水流稳定且气泡排净后开始测试。

（3）开启秒表，同时用烧杯接取一定时间内的渗流水量，计算单位时间内水的体积流量 Q，由 $v=Q/A$（A 为试件横截面积）得水的渗流速度；重复试验 3 次，取其平均值；用直尺测定水头损失 Δh，由 $i=\Delta H/L$（L 为试件长度）得到相应的水力梯度。改变储水套筒高度，以改变水力梯度，重复上述步骤（不少于 6 次）。

分析试验结果后发现，当水力梯度 i 较小时，渗流速度 v 随水力梯度 i 线性增长；但当水力梯度 i 达到临界值时，增长速度 v 将逐渐变缓。这一过程反映了透水混凝土中水的流动从层流到紊流的过渡过程。在透水混凝土工程应用中，水的流动一般是层流，所以根据达西定律，本书取渗流速度-水力梯度曲线最初直线段的斜率作为透水性混凝土的渗透系数。

5.3　试验结果及分析

5.3.1　实测孔隙率与目标孔隙率的关系

孔隙率是表征多孔材料排水性能的重要指标，直接关系到材料的排水能力和强度、刚度。

孔隙率的测试采用量体积法，用游标卡尺量取试件的直径和高度，每个数据各量3次以上取均值，按照下式计算孔隙率：

$$n_e = \left(1 - \frac{m_2 - m_1}{V\rho_w}\right) \times 100\% \tag{5.1}$$

式中 n_e——试件实测孔隙率，%；

m_2——试件浸水24 h后在水中测得的质量；

m_1——试件从水中取出后在60 ℃烘箱内烘24 h后的质量；

V——体积法测出的试件体积；

ρ_w——水的密度。

图5.3所示为实测孔隙率与目标孔隙率的关系曲线。可见所有数据点均在直线 $y=x$ 附近，说明实测孔隙率与目标孔隙率非常接近。其中水灰比为0.36时，实测孔隙率的点基本落在直线 $y=x$ 上，说明此时实测孔隙率与目标孔隙率最为接近；水灰比为0.38时，实测孔隙率的点均位于直线 $y=x$ 的上方，实测孔隙率略大于目标孔隙率。

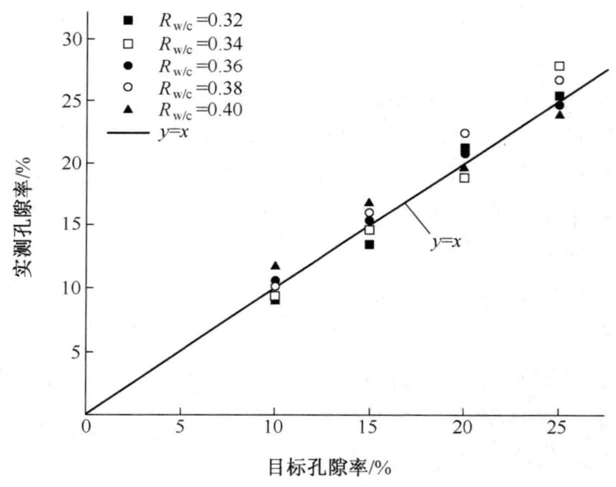

图5.3 实测孔隙率与目标孔隙率的关系曲线

5.3.2 水灰比对强度的影响

图5.4所示为透水性混凝土强度随水灰比的变化曲线。可见，透水性混凝土抗压强度、抗折强度和水灰比之间的关系与普通水泥混凝土抗压强度随水灰比降低而提高的关系不同，存在着一个最佳水灰比。水灰比在0.32～0.40范围内时，强度和水灰比成开口向下的二次抛物线关系。由图5.4可见，

当目标孔隙率为 20%和 25%时，最佳水灰比基本为 0. 35 ~ 0. 36；但当目标孔隙率为 15%时，抗折强度对应的最佳水灰比大于抗压强度对应的最佳水灰比。

出现最佳水灰比的原因主要是由于当水灰比提高时，骨料表面的水泥浆体厚度变薄、强度下降，造成骨料间黏结强度下降而使透水混凝土强度降低；当水灰比过小时，虽然骨料表面的水泥浆体厚度增加、强度提高，但会造成混凝土成型困难、不够密实，从而使透水混凝土强度降低。

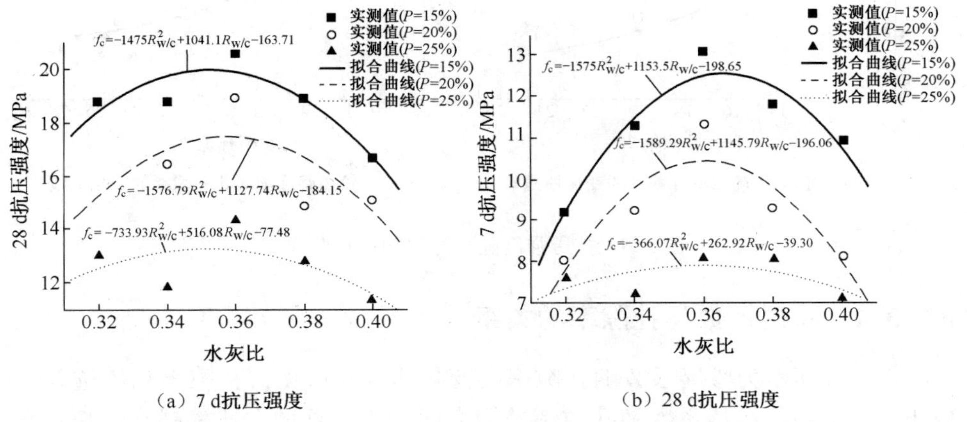

（a）7 d抗压强度　（b）28 d抗压强度

图 5. 4　强度随水灰比的变化曲线

5. 3. 3　孔隙率对强度的影响

图 5. 5 所示为透水混凝土强度随孔隙率的变化曲线。可见，随着孔隙率的增大，抗压强度和抗折强度均减小。这是由于随着孔隙率的增大，水泥浆量减少，骨料间的黏聚力减小；同时随着孔隙率的增大骨料间的黏结点数量和黏结面积减小，进而造成了混凝土强度的降低。可见在孔隙率增大、透水性增强的同时，强度减小了，透水混凝土在追求高渗透性的同时，也要兼顾强度方面的考虑。对不同的水灰比，透水性混凝土强度与目标孔隙率的关系曲线均可用统一的 Lorentzian 函数进行拟合[6]。

$$f_{\mathrm{c}} = 10.710 + \frac{1\,200.436}{\pi} \frac{12.792}{4(P + 5.128)^2 + 163.635},\ R^2 = 0.926\,78 \tag{5.2}$$

同样目标孔隙率与抗折强度的关系也可用 Lorentzian 函数进行拟合。

$$f_{\mathrm{f}} = 16.278 + \frac{2\,263.8}{\pi} \frac{44.267}{4(P + 8.967)^2 + 1\,959.967},\ R^2 = 0.838\,67 \tag{5.3}$$

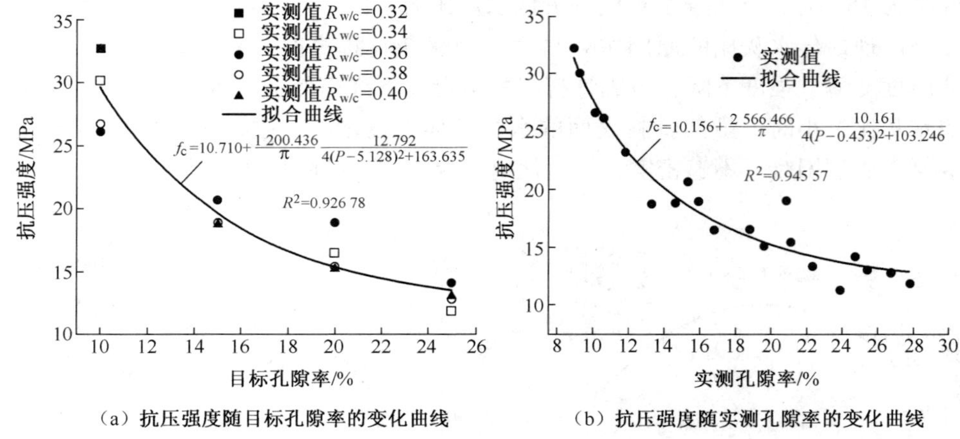

（a）抗压强度随目标孔隙率的变化曲线　　（b）抗压强度随实测孔隙率的变化曲线

图 5.5　抗压强度随孔隙率的变化曲线

5.3.4　渗透系数与孔隙率的关系

图 5.6 所示为渗透系数随孔隙率的变化曲线。可见，孔隙率和渗透系数成正相关关系，渗透系数随孔隙率的增大而增大，且增大速率越来越快；水灰比对渗透系数的影响较小。水泥浆用量减少则孔隙率增大，混凝土内部过

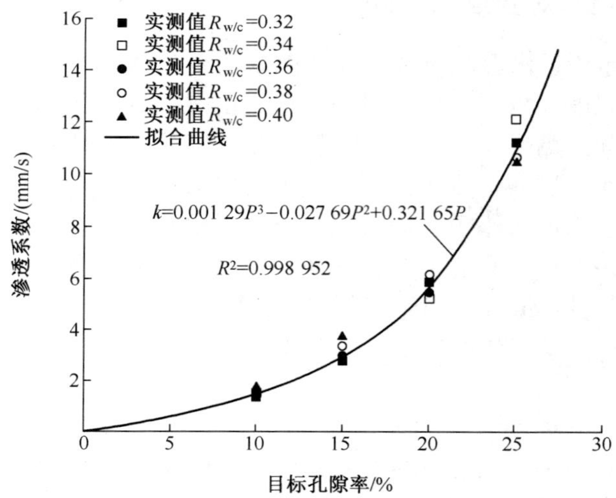

图 5.6　渗透系数随孔隙率的变化曲线

水孔道增多且平均孔径增大，水受到的黏滞阻力减小，这将导致水流速度加快，渗透系数增大。渗透系数与目标孔隙率的关系可用二次函数进行拟合，得到渗透性-孔隙率模型，式中 k 为渗透系数（mm/s），P 为目标孔隙率（%）。

5.3.5 骨灰比对渗透系数的影响

骨灰比是指混凝土中骨料体积与水泥浆体积之比。图 5.7 为不同水灰比下渗透系数随骨灰比的变化曲线。可见，与孔隙率类似，骨灰比与渗透系数也成正相关关系，随着骨灰比的提高，渗透系数逐渐增大。这是因为随着骨灰比的增大，水泥浆量减少，骨料间孔隙增多，对水的黏滞阻力减小。骨灰比小于 5.5 时，水灰比对渗透系数的影响不大；当骨灰比大于 5.5 时，水灰比的影响较大。渗透系数-骨灰比曲线族呈倒置的“扫帚形”。

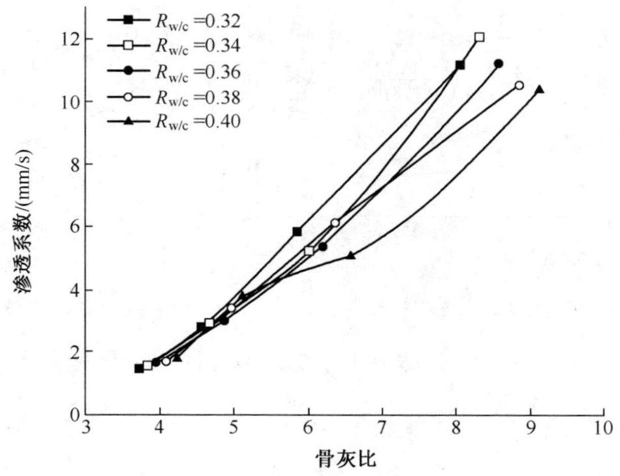

图 5.7 不同水灰比下渗透系数随骨灰比的变化曲线

5.3.6 强度-渗透性模型

图 5.8 所示为不同水灰比下强度随渗透系数的变化曲线。可见，抗压和抗折强度均随渗透性的提高而降低，但降低的速率逐渐减小。抗压和抗折强度与渗透系数的关系曲线均可用 Lorentzian 函数进行拟合。

$$f_c = 12.525 + \frac{740.26}{\pi} \frac{1.673}{4(k + 0.778)^2 + 2.799}, \quad R^2 = 0.92729 \tag{5.4}$$

同样抗折强度也可用 Lorentzian 函数进行拟合。

$$f_f = 3.0319 + \frac{425.875}{\pi} \frac{4.939}{4(k+3.429)^2 + 24.397}, \quad R^2 = 0.84175 \tag{5.5}$$

透水混凝土强度渗透性模型表明，透水混凝土的强度和透水性是一对矛盾体，在工程设计中易顾此失彼，所以应该根据具体工程的特点与要求，确定最佳的强度和渗透性组合。近年来，笔者在国家自然科学基金等项目资助下将透水混凝土应用到软弱地基加固和液化地基的抗震设计中，提出了透水混凝土桩新型复合地基技术。当渗透系数为 2 mm/s 时，由图 5.8（a）知抗压强度达 25 MPa。通过大量研究发现，此时透水混凝土能满足复合地基的设计要求[7]。

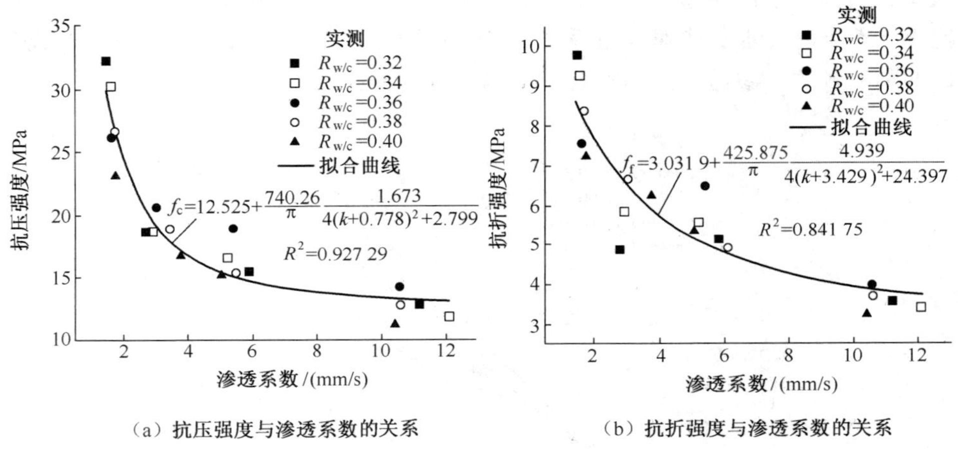

（a）抗压强度与渗透系数的关系

（b）抗折强度与渗透系数的关系

图 5.8 不同水灰比下强度随渗透系数的变化曲线

5.4 结 论

针对现有透水混凝土渗透系数测试装置存在试件侧壁渗漏的问题，提出了一种试件侧面防水涂抹+柔性夹层+套筒刚性壁的防侧漏方法，研制了一种新型透水混凝土渗透测试装置。并通过渗透性试验和强度试验研究了透水性混凝土强度和渗透性等关键指标间的关系，取得了以下主要研究结论。

（1）透水混凝土与普通混凝土不同，存在一个最佳水灰比，最佳水灰比对应的强度最大；强度和水灰比成开口向下的二次抛物线关系。

（2）透水混凝土孔隙率和骨灰比均与渗透系数成正相关关系。骨灰比小于 5.5 时，水灰比对渗透系数的影响不大；骨灰比大于 5.5 时，水灰比的影响较大。

（3）透水混凝土强度和渗透性关系服从 Lorentzian 函数，强度随渗透性的提高而降低，但降低的速率逐渐减小。由强度渗透性模型可以看出，强度和透水性是一对矛盾体，在设计时须根据工程要求和强度渗透性模型确定最优配合比。

参考文献

[1] Meininger R C. No-fines pervious concrete for paving [J]. Concrete International, 1988, 10 (8): 20-27.

[2] Paine J. Portland cement pervious pavement construction [J]. Aberdeen's concrete construction, 1992, 37 (9) .

[3] Yang J, Jiang G L. Experimental study on properties of pervious concrete pavement materials [J]. Cement and Concrete Research, 2003, 33 (3): 381-386.

[4] 杨志峰. 多孔混凝土透水基层材料组成设计与性能研究 [D]. 武汉：武汉理工大学, 2008.

[5] 中国建筑科学研究院. 普通混凝土力学性能试验方法标准：GB/T 50081—2002 [S]. 北京：中国建筑工业出版社, 2003.

[6] 周剑平. Origin 实用教程 7.5 [M]. 西安：西安交通大学出版社, 2007.

[7] 崔新壮, 王聪, 周亚旭, 等. 透水性混凝土桩减压减震耦合抗震机理研究 [J]. 山东大学学报（工学版）, 2012, 42 (4): 86-91.

第6章 透水混凝土渗流场的数值模拟技术

海绵城市的建设完成之后，仍余留许多问题亟待解决。一方面，透水混凝土路面需要定期检测和养护，包括检测车辙深度[1]、结构强度[2]、路面平整度[3]、路面损坏情况[4]以及路面抗滑能力[5]；另一方面，透水混凝土路面独特的排水性能，抗堵塞能力也需要进行定期评价。透水混凝土的各种性能的主要决定因素是它的孔隙结构，这通常被认为包括孔隙的总孔体积分数或孔隙度、特征孔或孔隙系统中的曲折和连通程度。这些孔隙结构特征取决于透水混凝土材料的设计参数（水灰比、骨料粒径、胶结剂含量、压实度）。如今大量的研究试图通过实验手段和数值模拟来表征透水混凝土的孔隙结构，并且通过模拟孔隙结构对于透水混凝土的力学性能和透水性能的影响，达到能够优化透水混凝土设计的目的。孔隙率是影响透水性能的关键指标之一，与透水混凝土的排水性能和力学性能相关，蒋正武[6]等人研究过孔隙率与透水系数、抗压强度之间的关系，得出孔隙率与透水系数正相关，与抗压强度负相关的结论。

工业 CT 技术的应用日益成熟，已广泛应用于沥青路面和数字岩心领域。目前 CT 扫描和 XRT 断层扫描等技术也已经被用于多孔材料细观结构的研究之中。通过 CT 原理可知，物质密度越大，CT 数值越大，表现在图像上则是亮度大，即灰度值高。而透水混凝土试件由骨料颗粒、水泥胶以及孔隙三部分组成，三相密度不同，因此可以分离出颗粒、胶浆和孔隙，这说明采用 CT 扫描研究透水混凝土的孔隙结构是可行的。目前常用的工业 CT 扫描空间分辨率可达 0. 01 mm 量级，精度完全足够。近几年，Chung[7]等人利用一系列透水混凝土平面图片详细研究了透水混凝土的孔隙特征，并且重构了三维孔隙模型进行分析。Kuang[8]等人利用 XRT 技术对透水混凝土的孔隙特征进行了研究，尤其对渗透率模型进行了总结，提出了修正的 Kozeny-Carman 渗透率模型。王刚[9]等人利用 CT 扫描建立了真实的煤样孔隙模型并且做了渗流模拟，探索了渗流规律。张跃荣[10]研究了透水砖二维的孔隙流动，通过 CT 实验观测透水砖内部孔隙结构特征，并利用 CT-scan、ImageJ、Matlab 等图像处理软件在去除图像噪声后，对其特征进行定性描述与定量表征，分析了多孔砖的孔径大小、连通性、迂曲度等结构特征。他基于透水砖的实际多孔介质渗流实验，重点分析、解释不同类型砖材渗水性能差异及影响因素。他还模拟了二维颗粒球规则堆积模型渗流过程，具体分析顺排和插排两种堆积方式下的流动特征，将模拟结果与前人研究结果比对，寻找合适模型预测柱状颗粒堆积多孔介质渗透率的模型，重点分析孔隙率、迂曲度、孔隙相分形维数等孔隙结构参数对渗透率的影响效果，寻求对随机多孔介质渗透率进行合理预测，并进一步预测透水砖透水性能，揭露了“优势通道”现象。通过展示出各通道的流速分布，可以直观地看到即流体会自发选择流动阻力最小的方向前进，该方向即为优势通道。通常优势通道不止一条。大部分流体经过该通道，通道内流体速度大，而其余通道流速很慢。在孔隙连通度较高的情况下，如果孔径分布不均，则会产生该现象，此时多孔介质的整体渗流性能只取决于少数几条阻力最小的通道。新的数值模拟方法也在不断发展，使其能够模拟路面材料的微观结构。Wang[11] 等人利用离散元方法模拟了在加载作用下，透水材料微观结构的演化。Hou[12] 等人使用纳维斯托克斯方程进行计算，评估了微观尺度下沥青材料的水力性能。

透水混凝土的孔隙一旦堵塞，将严重降低其渗透性，使其丧失基本的功能[13-14]。一些学者研究了透水路面孔隙堵塞和下渗能力之间的关系[15-20]。Baladès[21] 等发现在使用 2～3 年后，透水路面渗透系数的初始降低率能够达到原始值的 50%。Kayhanian[22] 等人用 CT 扫描技术研究了透水混凝土在实际路面上的圆柱样品，观察了堵塞情况和渗透率的关系。Walsh[23] 在实验室尺度内测量了透水混凝土内部堵塞颗粒的累积量对水利传导系数的影响。Kandra[24] 集中研究了过滤介质的物理特征和渗流速率对暴雨后的堵塞物质堵塞效果的影响。Razzaghmanesh & Borst[25] 通过在透水路面植入传感器，研究了堵塞的动态过程，发现每增加 6 mm 的雨深能够导致堵塞颗粒往透水路面下方运移 1 mm。进一步的，一些学者得出粗砂不会明显降低透水路面的渗透能力，因为它们不能进入孔隙结构[26-28]。其他的研究发现绝大多数堵塞颗粒通常堵在透水路面的上表层[29-31]。在理论上，Mcdowell Boyer[32] 等揭露了小的固体颗粒进入多孔介质的孔隙后会使得渗透系数降低几个量级。Tan[33] 等为了分析渗透路面基础的渗透率，利用 Kozeny-Carman 导出了经验理论公式。Moghadasi [34] 等提出了一个数学模型，能够模拟颗粒运移和沉积对孔隙率造成的变化。Zheng[35] 等提出了能够描述孔隙率和沉积颗粒的数学模型，该模型对堵塞颗粒的出现和发展过程提供了系统的描述。许多数值模拟方法也被用来探究透水路面的微观结构[36]。Pieralisi[37]等开发并验证了一个 CFD-DEM 模型去模拟透水混凝土路面的渗透率。Sansalone[38]等使用 SWMM 模拟了内部渗流状态并且测量了渗透率和水传导系数，以及透水路面在排水条件下的养护要求。

但是如何结合 CT 扫描技术开展虚拟试件的制作，并结合计算流体力学（Computational Fluid Dynamics，CFD）以及离散元方法（Discrebe Element Method，DEM），进行虚拟数值实验一直是困扰研究人员的难题。本章的主要目标就是利用 CT 扫描结合数值模拟解释透水路面的渗流能力和堵塞能力，将 CT 扫描与计算流体力学数值模拟进行结合，模拟透水路面渗流情况，确定内部的渗流场[39]。又将计算流体力学和离散元方法进行耦合，揭示颗粒在径流作用下在透水路面内的运移情况。

6.1 基本理论和技术

6.1.1 管流和渗流

图 6.1 描述了管流和渗流模型。圆管中的流动分为层流和湍流，以雷诺数判别。除此之外，经常用到的与黏滞性有关的参数还有运动黏度，又称运动黏性系数。一般在圆管中雷诺数临界值约等于 2 000，而在明渠及天然河道中临界值约为 500。圆管层流中水流互不扰动，界限清晰，可以看作是无穷多的同心圆筒层一个套一个地运动着，因此每一圆筒层表层的切应力都可以用牛顿内摩擦定律来计算。在圆管湍流中，湍流的运动要素时刻变化着，存在脉动现象，水层之间互相混掺容易形成涡，并且存在黏性底层，湍流能使流速均匀化。

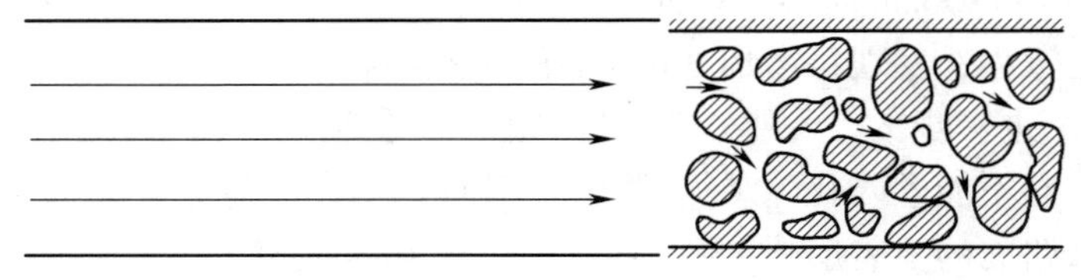

（a）管流层流　　（b）渗流

图 6.1　管流和渗流模型

渗流指的是水流沿着多孔介质内部流动的状态，一般用渗流模型来代替。该模型认为渗流是充满了整个孔隙介质区域的连续水流，包括骨架颗粒所占据的空间在内。以渗流模型代替真实的渗流，必须遵守以下几个原则。

(1) 通过渗流模型的流量必须和实际渗流流量相等。

(2) 对某一确定的作用面，从渗流模型得到的动水压力应当和真实渗流的动水压力相等。

(3) 渗流模型的阻力和实际渗流应该相等，也就是说水头损失应当相等。

6.1.2 渗流的基本定律

1. 达西定律

达西定律的表达式为

$$\left.\begin{aligned} Q &= kJA \\ v &= kJ \end{aligned}\right\} \tag{6.1}$$

式中 Q——流量，m^3/s；

k——渗透系数，又称水力传导系数（hydraulic conductivity），m/s；

v——断面平均渗流流速，m/s；

J——水力坡降又称渗透坡降，无量纲；

A——截面面积，m^2。

渗透系数 k 的物理意义可理解为单位水力坡度下的渗流流速，在各向同性介质中，它定义为单位水力梯度下的单位流量，表示流体通过孔隙骨架的难易程度，综合反映了土和液体两方面对透水性能的影响。它不仅取决于土壤的性质，还取决于流体的性质以及量纲分析。通常可用经验法、实验室测定法和现场测定法确定渗透系数。表6.1给出了典型的渗透系数 k 的值。

表6.1 渗透系数 k 的典型值

土的种类	黏 土	粉质砂土	粉 土
渗透系数 k/(m/s)	$5\times10^{-4}\sim1\times10^{-5}$	$2\times10^{-5}\sim1\times10^{-6}$	$5\times10^{-6}\sim1\times10^{-7}$

而渗透系数可以用下式换算成渗透率：

$$k = \kappa \frac{\rho g}{\mu} \tag{6.2}$$

式中 κ——渗透率（permeability），m^2；

ρ——流体密度，kg/m^3；

g——重力加速度，m/s^2；

μ——流体动力黏滞系数，pa·s。

渗透率是指在一定压差下，岩石允许流体通过的能力，是表征土或岩石本身传导液体能力的参数。其大小与孔隙度、液体渗透方向上孔隙的几何形状、颗粒大小以及排列方向等因素有关，而与在介质中运动的液体性质无关。

渗透系数和渗透率存在什么关系？渗透系数 k 是单位水力梯度下的单位流量，可以认为在同种液体渗入同种材料的情况下是常数。如在达西定律中渗透系数 k 就是常数，可以由达西定律 $k=v/J$ 反推渗透系数的值，渗透系数并不由渗流速度和压力梯度决定其与液体的黏滞系数、密度，以及材料的渗透率有关。渗透系数与渗流速度存在什么关系？渗透系数一般固定，而渗流流速随着入口压力变化，达西定律的斜率为渗透系数。达西定律可以得到断面平均渗流流速，但是无法描述流体在孔隙结构中流动的细节。达西定律适用的范围是平均粒径为 0.01～3 mm 的颗粒。后来大多数学者用雷诺数表达，如图 6.2 所示，是 Bear 在多孔介质渗流理论一书中做的分析。当渗透率较大或渗透速度较大时，雷诺数 Re 超过 10 的时候，达西定律不再适用，达西定律只适用于层流渗流。

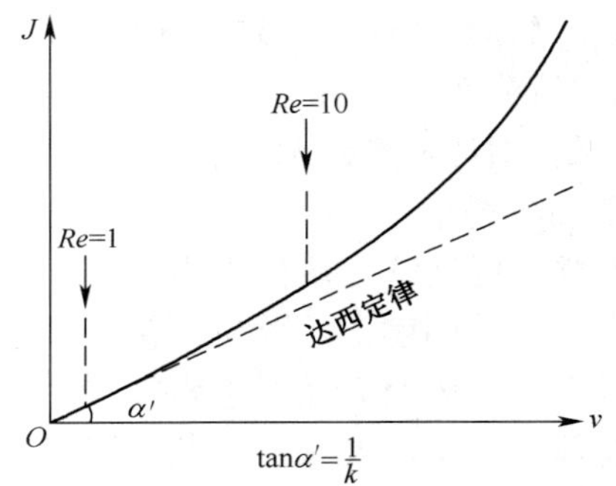

图 6.2　渗透流速和水力坡降的实验关系

2. 非线性渗透定律

非线性渗透定律又称福熙海麦渗透规律（Forchheimer's law）。当地下水渗透速度较大，雷诺数超过一定界限（大于 10）时，地下水运动开始偏离达西定律。1901 年福熙海麦根据试验资料得出二项式渗透定律：

$$\left.\begin{aligned} J &= \frac{\mu}{\kappa}v + \beta\rho v^2 \\ \kappa &= k\frac{\mu}{\rho g} \end{aligned}\right\} \tag{6.3}$$

式中　J——压力梯度，Pa/m；

v——地下水渗流速度，m/s；

β——非达西系数，m^{-1}，也称为惯性系数。

其他参数含义与上述相同。

当雷诺数小于 1 时，渗流中主要是黏滞力起主导作用，此时可忽略第二项而得到达西定律。当雷诺数大于 1 时，第一项与第二项两项的数量级，即惯性力与黏滞力的作用大体相当时，出现非线性的渗透；当雷诺数大于 10 时，水流具有紊流的特点；当雷诺数非常大时，第一项基本等于 0，可以得到紊流定律。

6.1.3　CT 扫描与图像处理技术

CT 扫描能够在不破坏物体的情况下观察其内部结构。CT 的基本原理是 X 线从各个方向投射成像，形成目标物体的二维透视图，再利用计算机程序对所有这些衰减的 X 射线作分析测量，进行反推，从而得到这个物体内部的三维结构。CT 设备的关键部分是成像系统，包括 X 射线源、精密样品台、高分辨率探测器、大视场探测器、控制器系统以及输出处理系统，见图 6.3。以透水混凝土为例，物质密度越大，扫描之后在计算机上图像表现的亮度大，即灰度值高。透水混凝土试件由骨料颗粒、水泥胶以及孔隙组成，透水混凝土三相密度的不同，可以分离颗粒、胶浆和孔隙。

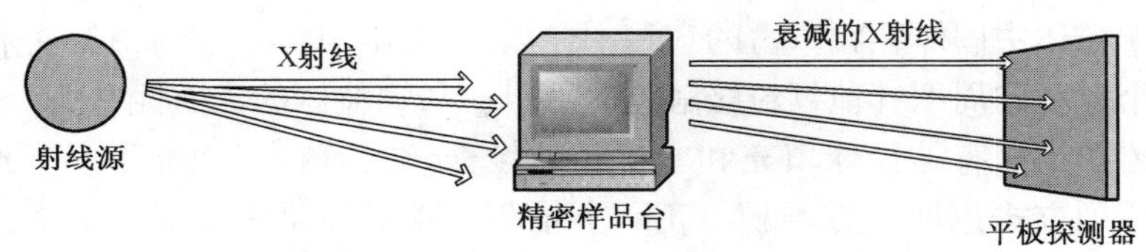

图 6.3　CT 扫描示意图

图像处理技术包括图像滤波、图像变换、图像的增强和复原、图像分割、图像描述、图像分类。使用 Matlab 编程能够实现以上目的，本书主要借助 ImageJ 软件处理图片，使用 Avizo 处理 CT 切片，常用的图像处理功能均能实现，在此图像处理的原理不再赘述。

6.1.4　材料表征理论

在多孔介质内部，同时存在着孔喉、连通孔隙、盲端孔隙、孤立孔隙，如图 6.4 所示。孔隙的结构十分复杂，可用孔隙率、连通（有效）孔隙率、孔隙形状因子、曲折度等参数表示。孔隙率指的是所有孔隙的体积占样品体积的比值；连通孔隙率指的是物理上连通的孔隙的体积占样品体积的比值；形状因子是指平面上以圆为标准，空间上以球为标准，将各种形状的面积或者体积的物体除以相应的标准的圆面积或者球体积得到的参数，也称为圆度或者球度。当然，还有许多指标用来表征多孔介质的特征，本书主要采用了上述指标。

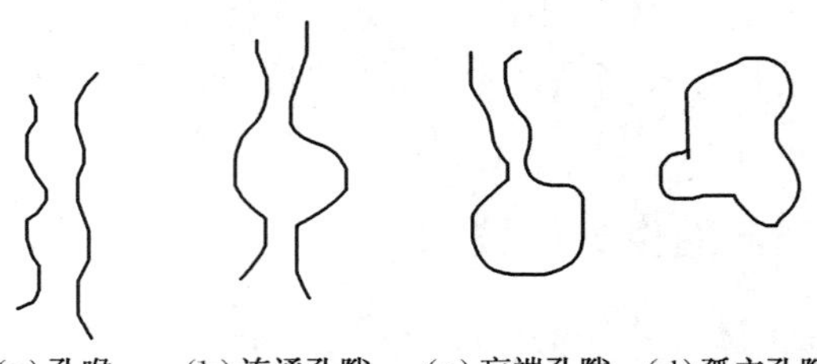

(a) 孔喉 (b) 连通孔隙 (c) 盲端孔隙 (d) 孤立孔隙

图 6.4 孔隙结构示意图

6.1.5 小球堆积理论

表征颗粒堆积状态的基本参数有孔隙率 ε、堆积率 λ、配位数、比表面积、孔隙分布、表观密度等，其中孔隙率应用最为普遍。一般来说，非球形颗粒的球形度越小，堆积的床层的孔隙率越大；大小越不均匀的颗粒，孔隙率越小；颗粒越光滑，孔隙率越小；越靠近壁面，孔隙率越大。其中，堆积率表征颗粒体中固体颗粒所占的容积率，以 λ 表示，即 $\lambda = 1 - \varepsilon$ 。配位数定义为每个颗粒和周围其他颗粒接触点的数目，与颗粒体的流变性有关。

球体的堆积有等径球填充和非等径球填充。在等径球填充中，球形颗粒的规则排列方式包括立方堆积、正斜方堆积、菱面体堆积等。表 6.2 计算了等径球有规则排列时的配位数和孔隙率等参数。

表 6.2 等径球体有规则排列的配位数和孔隙率

序号	排 列 方 式	配位数	堆积率/%	孔隙率/%
1	立方堆积（立方最疏填充）	6	$\frac{\pi}{6}$	47.64
2	六方形（正斜方堆积）	8	$\frac{\pi}{6} \times \frac{2}{\sqrt{3}}$	39.55
3	楔形四面体堆积	10	$\frac{\pi}{6} \times \left(\frac{2}{\sqrt{3}}\right)^2$	30.19
4	菱面体堆积（立方最密填充）	12	$\frac{\pi}{6} \times \frac{2}{\sqrt{2}}$	25.95

球形不规则堆积或称随意堆积，在填充时由于受颗粒碰撞、回弹、颗粒间相互作用力及容器壁的影响不能规则填充。例如，随机密填充：把球倒入一个容器中，当容器振动时获得的填充方式，此时的平均孔隙率为 35.90%~37.50%；随机倾倒填充：把球倒入一个容器内，相当于工业上常见的卸出粉

料和散袋物料的操作，此时的平均孔隙率为 0.375～0.391；随机疏填充：把一堆疏松的球放入到一个容器内，或让这些球一个一个地滚入，此时的平均孔隙率为 0.4～0.41；随机极疏填充：把流化床内流体的速度缓慢地降到零，就可得到 0.44 的平均孔隙率。

异径球形颗粒的堆积：孔隙率随着小颗粒的加入量增加而减小；颗粒粒径越小，孔隙率也越低。如表 6.3 所列，当 3 组分球紧密堆积时，孔隙率明显下降。当组分大于 3 时，孔隙率下降就不明显了。

表 6.3　多组分球体颗粒的堆积特征

球体成分	球体体积/%	孔隙率/%	孔隙率下降/%
1	62	38	—
2	85.6	14.4	23.6
3	94.6	5.4	9.0
4	98.0	2.0	3.4
5	99.2	0.8	1.2

在双粒度球形颗粒系统的填充结构中，不同粒度玻璃珠填充结果表明：粒径相差越大，孔隙率越低；大颗粒质量比为 70%时，孔隙率最小。也可以认为，当组成接近百分之百为粗颗粒时，混合物的表观体积由粗颗粒决定，细颗粒充填入粗颗粒的孔隙中，并不占据表观体积。

密实堆积的经验如下。

（1）采用单一颗粒不能达到紧密堆积。

（2）采用多组分可以达到紧密堆积，而且组分颗粒尺寸相差越大越好，一般相差 4～5 倍以上效果更显著。

（3）较细颗粒的数量，应足够充填于紧密排列颗粒构成的孔隙中，该数量取决于颗粒的形状和填充方式。实际上，当有两个组分时，粗细数量比为 7∶3，而有 3 个组分时为 7∶1∶2，此时堆积率最高。

（4）适当增加粗粒组分的数目，可提高堆积密度，使它接近最紧密堆积；但当组分大于 3 时，实际意义不大。

（5）在可能的情况下，应适当增大临界颗粒尺寸，以使各组分颗粒尺寸相差大一些。

（6）影响颗粒堆积的因素如下：

1）容器大小。当仅有重力作用时，容器里实际颗粒的松散密度随容器直径减小和颗粒层高度的增高而减小。

2）壁效应。当颗粒填充容器时，在容器壁附近形成特殊的排列结构，因为在接近固体表面的地方会使随机填充中存在局部有序。这样，紧挨着固体表面的颗粒常常会形成一层与表面形状相同的料层，紧挨着固体表面的位置存在着相对高的孔隙率区域，这是由于壁和颗粒的曲率半径之间的差异而引起的。

3）物料的含水率。液体桥导致附着力增加，形成2次、3次粒子，即团粒。由于团粒尺寸较一次粒子大，同时，团粒内部保持松散的结构，致使整个物料堆积率下降。

4）颗粒形状。随圆度下降孔隙率增大。有棱角的颗粒、表面粗糙的颗粒作松散堆积时，孔隙率较大。

5）填充条件。一般来讲，填充速度增大孔隙率较大。在有振动的情况下，振幅越大，孔隙率越小。

6.1.6 计算流体力学基本理论

1. 质量守恒方程

质量守恒方程也称为连续性方程，基本原则是：流体单元内的质量增加率=流入流体单元的静质量流量率。

$$\frac{\partial \rho}{\partial t} + \mathrm{div}(\rho \boldsymbol{u}) = 0 \tag{6.4}$$

式中 ρ——流体密度，kg/m^3；

t——时间，s；

$\boldsymbol{u}$——流体的速度矢量，m/s；

div——散度符号。

2. 动量守恒方程

$$\rho \frac{\mathrm{d}\varphi}{\mathrm{d}t} = \frac{\partial(\rho\varphi)}{\partial t} + \mathrm{div}(\rho\varphi\boldsymbol{u}) \tag{6.5}$$

物理意义：φ 在流体微团中的增加率=φ 在流体单元中的增加率+φ 在流体单元中的净流出量。

以 x 方向为例，x 方向的动量变化率

$$\left.\begin{aligned} &\varphi = u \\ &\rho \frac{\mathrm{d}u}{\mathrm{d}t} = \frac{\partial(\rho u)}{\partial t} + \mathrm{div}(\rho u\boldsymbol{u}) \end{aligned}\right\} \tag{6.6}$$

作用于单元流体微团上 x 方向上的表面合力

$$\frac{\partial(-p + \tau_{xx})}{\partial x} + \frac{\partial \tau_{yx}}{\partial y} + \frac{\partial \tau_{zx}}{\partial z} \tag{6.7}$$

将体积力的影响归入源相 $R_{\mathrm{M}x}$，利用牛顿第二定律得到 x 方向动量守恒定律

$$\frac{\partial(\rho u)}{\partial t} + \mathrm{div}(\rho u \boldsymbol{u}) = \frac{\partial(-p + \tau_{xx})}{\partial x} + \frac{\partial \tau_{yx}}{\partial y} + \frac{\partial \tau_{zx}}{\partial z} \tag{6.8}$$

3. N-S 方程

上述的动量守恒方程包含未知的黏性应力分量 τ_{ij}，对于各向同性的流体，黏性应力是流体局部变形率的函数。各向同性的流体微元中有以下 6 个独立的应变分量：

$$\left.\begin{array}{c}\varepsilon_{xx} = \dfrac{\partial u}{\partial x},\ \varepsilon_{yy} = \dfrac{\partial v}{\partial y},\ \varepsilon_{zz} = \dfrac{\partial w}{\partial z},\\ \varepsilon_{xy} = \varepsilon_{yx} = \dfrac{1}{2}\left(\dfrac{\partial u}{\partial y} + \dfrac{\partial v}{\partial x}\right),\ \varepsilon_{xz} = \varepsilon_{zx} = \dfrac{1}{2}\left(\dfrac{\partial u}{\partial z} + \dfrac{\partial w}{\partial x}\right),\ \varepsilon_{yz} = \varepsilon_{zy} = \dfrac{1}{2}\left(\dfrac{\partial v}{\partial z} + \dfrac{\partial w}{\partial y}\right)\end{array}\right\} \tag{6.9}$$

体应变等于

$$\frac{\partial u}{\partial x} + \frac{\partial v}{\partial y} + \frac{\partial w}{\partial z} = \mathrm{div}\ \boldsymbol{u} \tag{6.10}$$

由黏性各向同性流体的牛顿定律，黏性应力与应变的关系为

$$\left.\begin{array}{l}\tau_{xx} = 2\mu\dfrac{\partial u}{\partial x} + \lambda\,\mathrm{div}\ \boldsymbol{u}\\ \tau_{yy} = 2\mu\dfrac{\partial v}{\partial y} + \lambda\,\mathrm{div}\ \boldsymbol{u}\\ \tau_{zz} = 2\mu\dfrac{\partial w}{\partial z} + \lambda\,\mathrm{div}\ \boldsymbol{u}\\ \tau_{xy} = \tau_{yx} = \mu\left(\dfrac{\partial u}{\partial y} + \dfrac{\partial v}{\partial x}\right)\\ \tau_{xz} = \tau_{zx} = \mu\left(\dfrac{\partial u}{\partial z} + \dfrac{\partial w}{\partial x}\right)\\ \tau_{yz} = \tau_{zy} = \mu\left(\dfrac{\partial v}{\partial z} + \dfrac{\partial w}{\partial y}\right)\end{array}\right\} \tag{6.11}$$

式中　μ ——流体的动力黏滞系数（第一黏滞系数）；

λ ——容积黏滞系数（第二黏滞系数）。

第二黏滞系数的影响较小，只有当流体可压缩时它才在方程中起作用。因此当流体不可压缩时，根据质量守恒方程，$\mathrm{div}\ \boldsymbol{u} = 0$。

最终可以得到纳维斯托克斯方程，以 x 方向举例，S_{Mx} 为源项：

$$\frac{\partial(\rho u)}{\partial t} + \mathrm{div}(\rho u \boldsymbol{u}) = -\frac{\partial p}{\partial x} + \mathrm{div}(\mu \cdot \mathrm{grad}u) + S_{Mx} \tag{6.12}$$

计算流体力学的流体控制方程包括上述质量守恒方程、3 个方向的动量守

恒方程外加能量方程和气体状态方程。这一组方程的个数与方程未知数的个数是相等的，因此在数学上是可解的。一般要将上述方程离散，采用有限体积法进行差分，然后假定边界条件，通过迭代求得精确解。上述方程是 CFD 软件求解的核心方程。

6.1.7 离散元理论基本知识

离散元是在一个指定的时间步长内，通过预先定义的接触模型，给在模型范围内相互接触的颗粒施加一个作用力，该作用力使颗粒按照牛顿第二定律发生位移或转动，如下所示：

$$\left.\begin{aligned} m_i \frac{\mathrm{d}v_i}{\mathrm{d}t} &= \sum_j F_{c,ij} + \sum_k F_{lk,ik} + F_{pf,i} + F_{g,i} \\ I_i \frac{\mathrm{d}w_i}{\mathrm{d}t} &= \sum (M_{t,ij} + M_{r,ij}) \end{aligned}\right\} \tag{6.13}$$

式中 m_i、I_i、v_i、w_i——分别为质量、惯性矩、颗粒 i 的平移速度，角速度；

$F_{c,ij}$、$F_{lk,ik}$、$F_{pf,i}$、$F_{g,i}$——分别为接触力、非接触力、颗粒流体之间的作用力以及重力。

$M_{t,ij}$、$M_{r,ij}$——分别是切向力矩和滚动摩擦力矩。

颗粒和流体之间的接触力包括曳力、升力、压力梯度力和毛细力等需要提前给定。

DEM 模型的关键是颗粒之间的接触模型，常用的有 HM 模型、BPM 模型。接触力 $F_{c,ij}$ 包括正应力 $F_{cn,ij}$ 和剪应力 $F_{ct,ij}$ 分量，由下列公式给定：

$$F_{c,ij} = F_{cn,ij} + F_{ct,ij} \tag{6.14}$$

$$F_{c,ij} = -k_{n,ij}\delta_{n,ij} - \gamma_{n,ij}\delta'_{n,ij} - k_{t,ij}\delta_{t,ij} - \gamma_{t,ij}\delta'_{t,ij} \tag{6.15}$$

式中 $k_{n,ij}$——法向刚度系数；

$k_{t,ij}$——切向刚度系数；

$\gamma_{n,ij}$——法向阻尼系数；

$\gamma_{t,ij}$——切向阻尼系数；

$\delta_{n,ij}$——法向颗粒位移；

$\delta_{t,ij}$——切向颗粒位移；

$\delta'_{n,ij}$，$\delta'_{t,ij}$——对应的导数项。

法向力一般通过 Tsuji 模型计算，切向力一般通过 Mindlin 模型计算。

离散单元法的计算步骤包括：①初始化，对颗粒和几何体赋予属性如材料本证参数、接触参数、运动方式等；②离散网格对颗粒进行接触判断；③根据接触模型计算颗粒受力情况；④运用牛顿第二定律求解颗粒速度和加速度；⑤更新颗粒位置；⑥重复上述步骤。常用的离散元软件有 PFC 和 EDEM 等。

6.1.8　小结

本节重在阐述本书中用到的理论知识和技术，没有过多地一一展开，读者可以找到更详细的文献资料学习该部分理论知识，包括水力学、计算流体力学、离散单元法、小球堆积理论、多孔介质渗流理论、图像处理方法等。这些理论知识的储备为该研究的进展提供了充分的技术指导，同时只有具备多种知识才能灵活全面地解决一个具体的科研问题。

6.2　透水路面 CT 扫描和渗流模拟

6.2.1　试件准备

透水混凝土的原材料是波特兰水泥和粗骨料，粗骨料的密度是 3.665 g/cm^3，密度为 1.665 g/cm^3，紧密堆积的孔隙率为 37.89%，针入度为 8.6%。透水混凝土被设计成 4 组不同的孔隙率（10%、15%、20%、25%）。透水混凝土试件的尺寸为 10 cm×10 cm×10 cm。透水混凝土的配合比见表 6.4。

表 6.4　透水混凝土配合比

组别	目标孔隙率 /%	水泥 /(kg/m^3)	水 /(kg/m^3)	水灰比	骨料 /(kg/m^3)	骨料粒径 /mm	减水剂 /%
A	10	421	143	0.34	1 622	4.75~9.5	0.95
B	15	345	117			4.75~9.5	
C	20	270	92			4.75~9.5	
D	25	195	66			4.75~9.5	

6.2.2　透水混凝土 CT 扫描实验

CT 技术即计算机断层扫描技术，可以无损检测物体内部的微观结构，根据不同密度的材料对 X 射线吸收能力不同来区分透水混凝土中的孔隙和骨料成分。本书采用德国的 Phoenix v｜tome｜x s 型工业 CT 仪器，仪器性能指标见表 6.5。其中，CT 设备在 Z 轴方向的位移为 0.1 mm，xy 二维图像（100 mm×100 mm）由 1 000×1 000 的像素组成，因此扫描 10 cm×10 cm×10 cm 的透水混凝土试件，在各个方向均有 100 张图片，如图 6.5 所示。从切片中可以看出，灰色的为骨料，而黑色的为孔隙。

表 6.5　Phoenix v|tome|x s 型工业 CT 仪器性能指标

最大管电压/kV	最大管功率/W	细节分辨能力/μm	焦点到工件最小距离/mm	最大像素分辨率/μm	几何放大倍数（2D）	几何放大倍数（3D）
240	320	1	4.5	<2(3D)	1.46~18	1.46~10

（a）图像

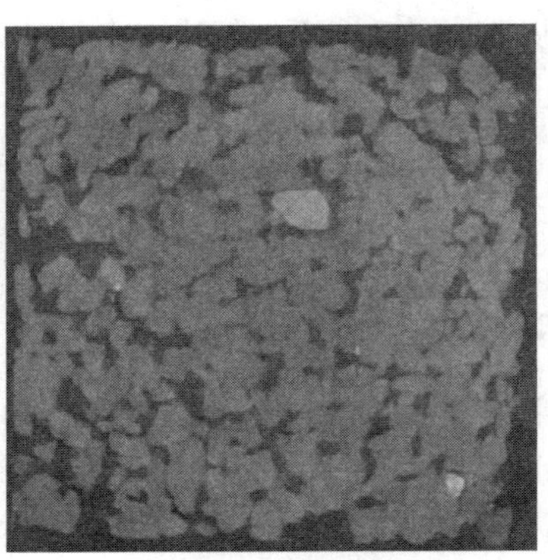

（b）切片

图 6.5　CT 扫描后的透水混凝土图像及切片

6.2.3　孔隙分析

CT 扫描后的数据用 Avizo 三维可视化软件和 ImageJ 进行进一步的处理和分析。图 6.6 展示了软件中设置参数提取二维孔隙的过程，在这个过程中合理地设置孔隙和骨料的阈值非常关键，如图 6.7 所示，只有设置合理的阈值才能尽量多地选中孔隙，否则存在较大的误差。通过多次尝试和调整，能够将该误差降低到 5%以内。

孔隙率汇总如图 6.8 所示。4 组透水混凝土的目标孔隙率分别是 10%、15%、20%和 25%。实际孔隙率是用排水法测得的，分别是 13.2%、20.3%、24.8%、28.0%，排水法测量出来的相当于开口孔隙的体积，原理是基于阿基米德的浮力定律，浮力等于物体排开水的体积。目标孔隙率和实际孔隙率有一定差距，因为在样品准备阶段，比如称重搅拌和压实等总会存在人为误差。3D 孔隙率是 Avizo 软件测量的，与实际孔隙率更接近。3D 连通孔隙率略微小于 3D 孔隙率，二维上连通孔隙很难被观察到，基本上被分割成不连通的状态，

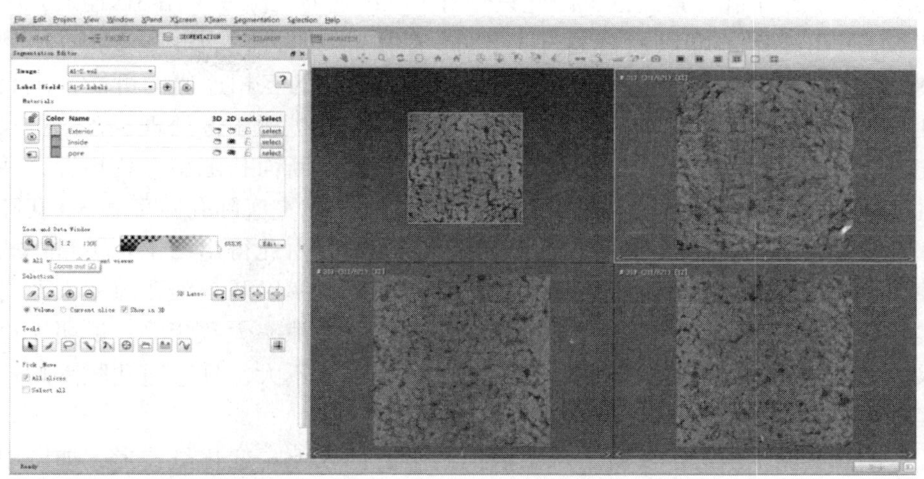

图6.6　孔隙提取

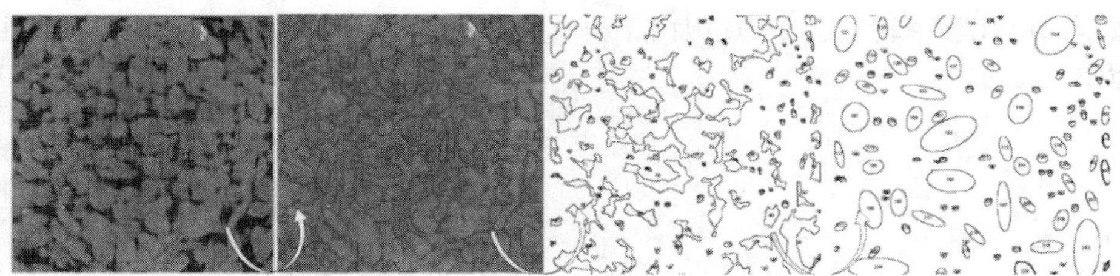

图6.7　孔隙提取和分析

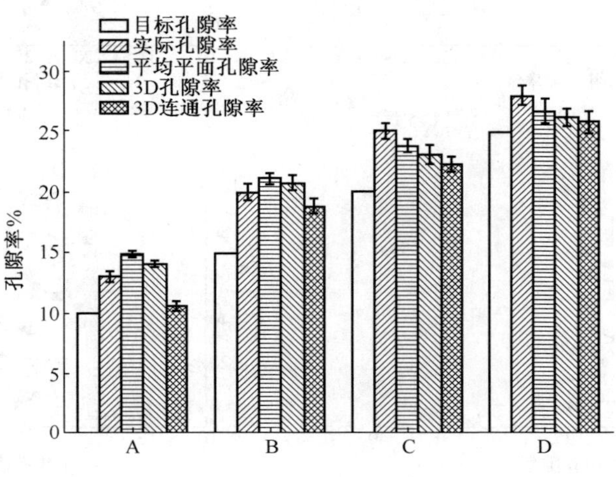

图6.8　孔隙率汇总

实际上在三维上孔是连通的，因此只分析了三维连通孔隙率。用 3D 连通孔隙率除 3D 孔隙率，可以发现这个比值随着孔隙率的增加从 75.2% 增加到 98.5%。因为当孔隙率增长的时候孔也会变大，孔的互相连通的可能性也会变大。对 CT 扫描后的试件等间距选取了 21 张切片进行图像处理，在二维尺度上，研究了透水混凝土试件从上表面到下表面的断面孔隙率变化情况，并且计算出二维平均断面孔隙率。平面平均孔隙率一般在实际孔隙率和 3D 孔隙率之间，也能反映实际透水混凝土孔隙率的大小。由此得出结论：①目标孔隙率只适用于理论计算，二维切片的平均断面孔隙率以及三维孔隙率大致与实际孔隙率相等；②平均连通孔隙率和三维连通孔隙率大致相等，说明无论采取二维计算方法还是三维重构分析，其结果误差不大，且连通孔隙率均比实际孔隙率小 3%左右。

图 6.9 显示了透水混凝土从上表面到下表面孔隙率变化呈凹形，如图中的 A、B 组，或者呈波浪形，如图中的 C、D 组。原因是在透水混凝土试件振捣过程中，A、B 组由于孔隙率整体较小，骨料中间层较上下层振捣密实，导致中间层孔隙率较低，C、D 组由于要求孔隙率较大，振捣比较均匀，导致孔隙率振荡变化。

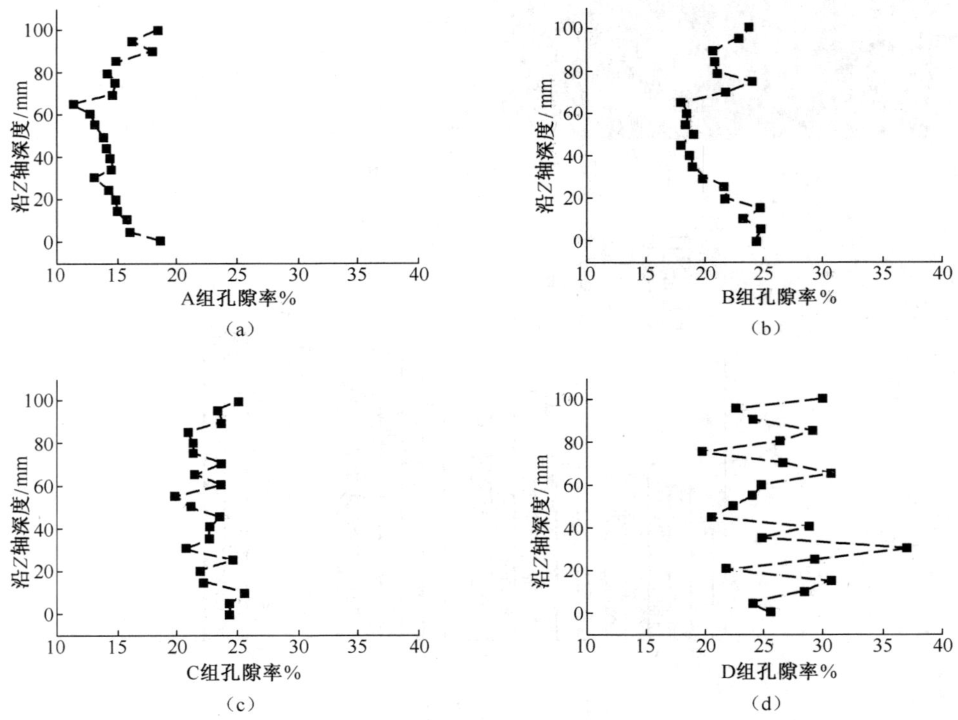

图 6.9 平面孔隙率变化情况

对CT扫描的切片利用ImageJ软件进行图像处理，可以分析孔径的分布规律，对孔径采取等效椭圆法拟合粒径的尺寸，其中椭圆的长轴近似为孔径的大小。首先在ImageJ中选取孔隙的阈值，提取出孔隙结构，然后设置比例尺，分析拟合孔径，拟合过程如图6.10所示。在二维上，二维平均孔隙率是通过椭圆的长轴公式来拟合的，4组透水混凝土的平均孔隙尺寸为3.38 mm、4.74 mm、5.40 mm和7.47 mm。最终得到实际孔隙率为13%、20%、25%、28%的A、B、C、D组二维孔隙尺寸频率分布图，如图6.11所示，可见0~10 mm的孔径占了大多数；孔隙率越大，大孔径出现的概率越大且数目越多。孔隙在二维上小孔占比更多，基本只有一个峰值，随着孔径的增加，大体积孔隙的占比逐渐降低，随着透水混凝土试件的孔隙率的增加，大孔的频率也在增加，小孔的频率不断降低。

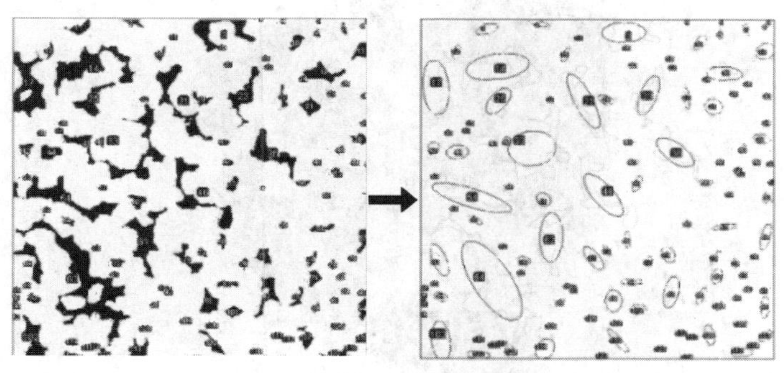

图6.10　ImageJ椭圆拟合

采用图6.12所示的三维分析方法，可以分析出三维孔径的频率分布。在三维上，三维孔径的计算方法是用球的半径公式 $D=\sqrt[3]{6V/\pi}$ 拟合的。4组透水混凝土的平均孔隙半径是2.17 mm、4.24 mm、6.19 mm和7.55 mm。三维形态上，出现了相同的趋势，但是有两个峰值，一个峰值是0~2 mm，次峰

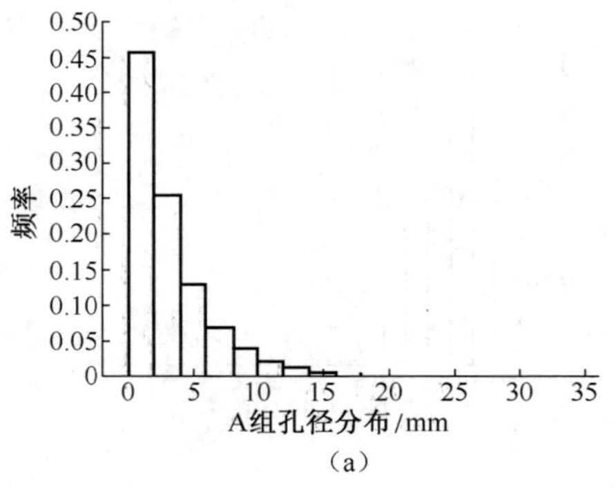

(a)

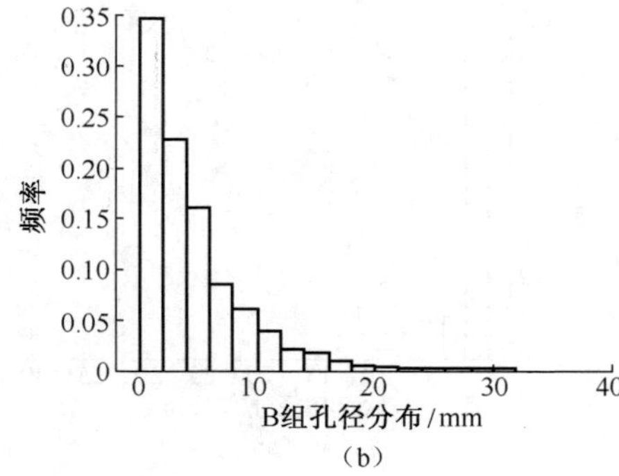

(b)

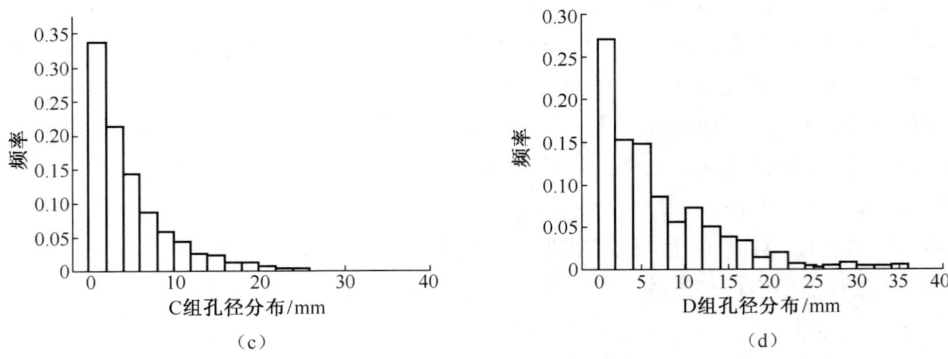

图 6.11　二维孔隙尺寸频率分布

图 6.12　Avizo 三维孔隙形态分析

值是 6~8 mm，当孔隙率大于 25%之后，孔径在 6~8 mm 的孔成了优势孔，如图 6.13 所示。在三维上，中等孔径的孔隙变多，这是因为孔的本质是在三维上连通。

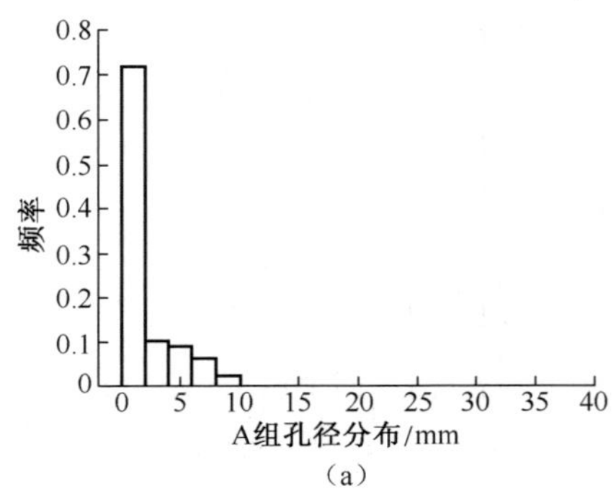

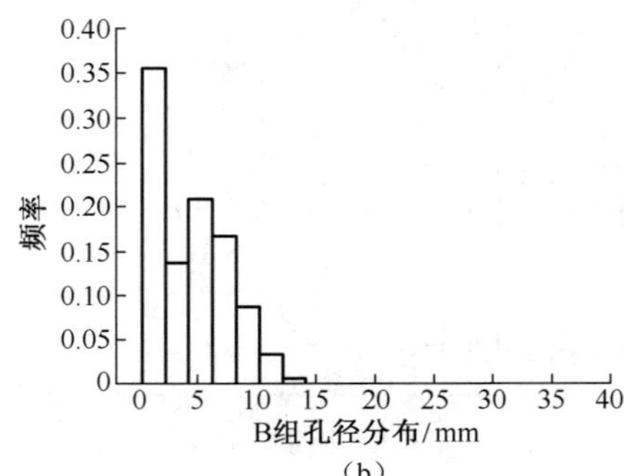

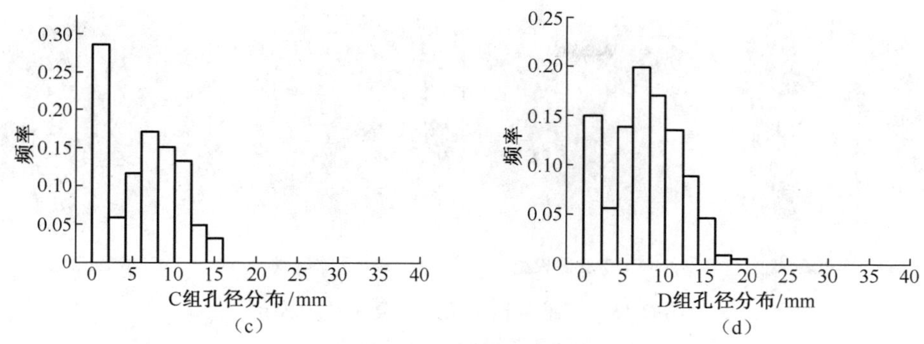

图 6.13　三维孔隙尺寸频率分布

6.2.4　三维重构模型与数值模拟

1. 三维重构模型

由于 CT 扫描的试件尺寸较大，进行三维重构和数值模拟计算量太大，因此选择图 6.14 中红色框选的内部区域，分割出来做透水混凝土模型，根据模型的体素换算得到实际尺寸约为 4 cm×4 cm×4 cm，并且根据分水岭算法分割阈值提取出孔隙模型，为了进行渗流数值模拟，最终得到连通孔隙的模型，相应的 3D 孔隙率也计算出来，如图 6.15 所示。

图 6.14　三维重构模型尺寸选择

2. 渗流数值模拟

三维重构的透水混凝土孔隙模型是 STL 格式，即模型主要由三角面片组成，需要进行修补，修补过程对孔隙的空间结构和孔隙率的影响可以忽略不计。目前有三种思路，第一种思路是这种情况下可以采用逆向工程软件 Geomagic 构造 nurbs 曲面，然后导入划分网格软件进行处理，最终得到几何模

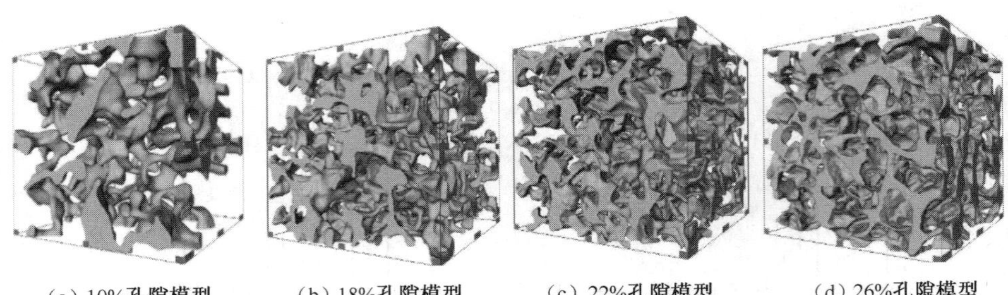

图 6.15 三维重构的透水混凝土孔隙模型

型，这个过程工程量比较大。第二种思路是直接 ICEM 修补 STL 模型，进行几何拓扑以及非结构网格划分，对局部网格进行特殊处理，删除低质量的网格等，最终得到较高质量和数量的网格。以 18%的孔隙模型为例，整体网格和局部网格如图 6.16 所示。但是这种思路的局限是 ICEM 生成的四面体网格质量不如结构化网格质量高，而且生成过程中费时费力。第三种思路是直接借助 Avizo 软件进行四面体网格划分，定义边界条件，在此过程中也要处理三角面片的数量和质量，如 Aspect ratio、二面角等参数，缺点就是需要自动和手动操作交互使用。目前这三种思路都能够成功地实现从 CT 扫描的模型到 ANSYS 模型的转化，但是市场上还没有完全自动的成熟的技术和方法处理这种模型，因此误差不可避免，本书针对第二种、第三种思路均作了有意义的尝试和探索，下文详细介绍了第二种思路。

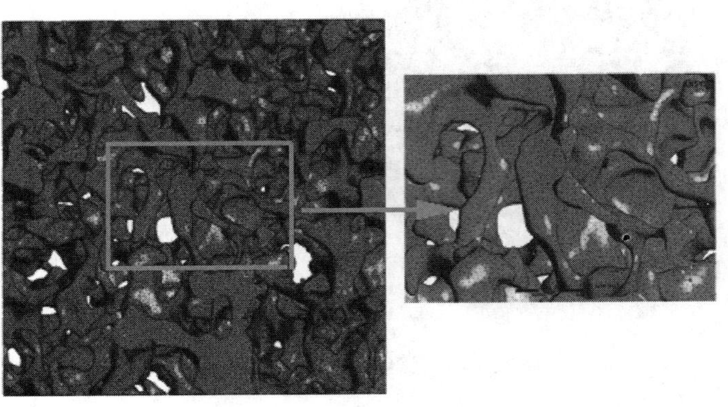

图 6.16 整体网格和局部网格

首先将 STL 孔隙模型导入 ICEM 软件，然后确定网格的最小尺寸和最大尺寸，在这里网格尺寸随着模型边角的曲率不断增加也会自适应地加密，最终得到的网格数量为 $2\times10^{6}\sim4\times10^{6}$，最大网格体积为 10^{-10} m^3，最小网格体积为 10^{-18} m^3。在 ICEM 中定义边界条件，定义好边界条件的网格模型最终导入到

FLUENT。在FLUENT中对划分好的网格进行渗流模拟，渗流模型如图6.17所示，上方蓝色区域为压力入口，底部红色区域为压力出口，其余灰色区域为壁，模型长宽高尺寸均为4 cm左右。渗流模型条件汇总见表6.6。入口压力的变化范围为0~140 Pa，压力梯度从0 Pa/m增加到3 500 Pa/m。

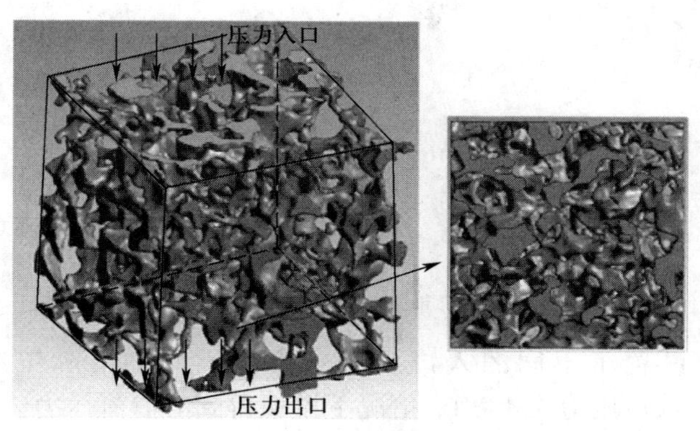

图6.17 渗流模型

表6.6 渗流模型条件汇总

参数	值
模拟类型	1. 稳态，层流，方向 Y 轴向下
	2. κ-ε 湍流模型，瞬态，方向 Y 轴向下
流体类型	液态水
域类型	单相流，等温模型
边界条件	压力入口：根据不同工况值不同；压力出口：0 Pa
	无滑移壁面，不考虑壁面粗糙程度
求解控制方程	Navier-Stokes方程

本书中水在透水混凝土孔隙中渗流的实际雷诺数 Re 约为1~100，根据地下水动力学规律，如图6.18所示，在多孔介质中大多数情况达西定律并不适用，而且临界点处存在层流到湍流过渡的情况。在本书中，求解模型开始采用层流模型，随着入口压力的增大，流速增大，相比于黏滞力，重力开始占优势，表现为 Re 的增大，此时应采用湍流模拟。根据理论计算和数值模拟试验，确定入口压力为400 Pa是层流到湍流过渡的临界点。

其中，$Re = vd/\nu$。ν 代表运动黏度，m^2/s；d 代表水力直径，m，本书用透水混凝土的平均孔径来代替水力直径，平均孔径用前面提及的方法，用ImageJ分析孔径大小；v 为在孔隙中渗流的速度，m/s。

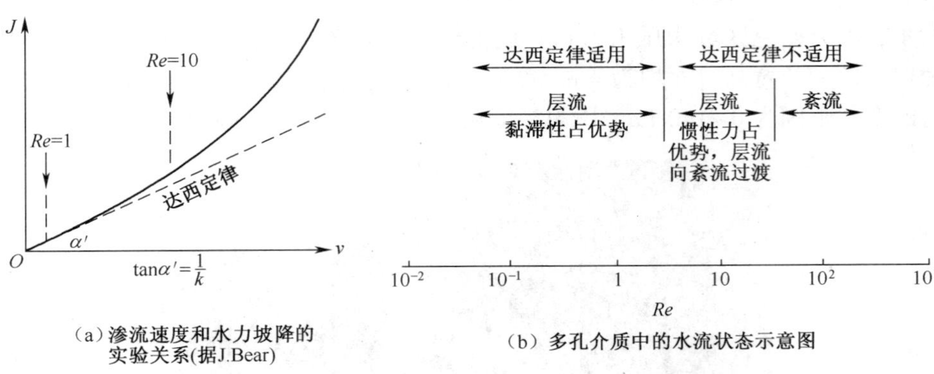

（a）渗流速度和水力坡降的实验关系(据J.Bear)

（b）多孔介质中的水流状态示意图

图 6.18　地下水动力学渗流规律

渗流模型设置了不同的入口压力来模拟不同的实际工况。图 6.19、图 6.20 所示是入口压力为 400 Pa 情况下模拟得到的渗流压力云图和迹线图，其余入口压力情况下模拟效果类似，在后处理中等距提取每个模型若干切面的平均速度。

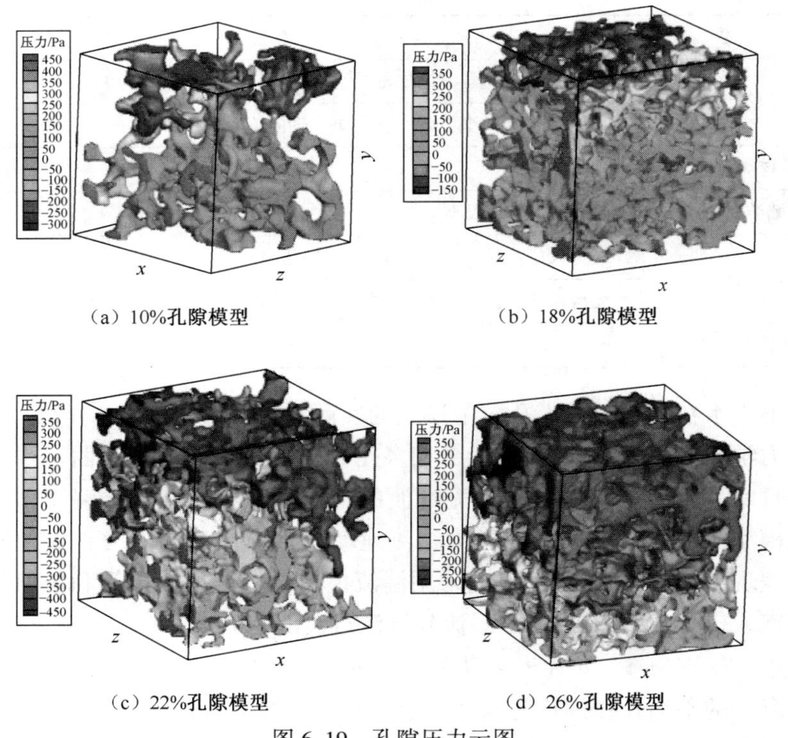

（a）10%孔隙模型

（b）18%孔隙模型

（c）22%孔隙模型

（d）26%孔隙模型

图 6.19　孔隙压力云图

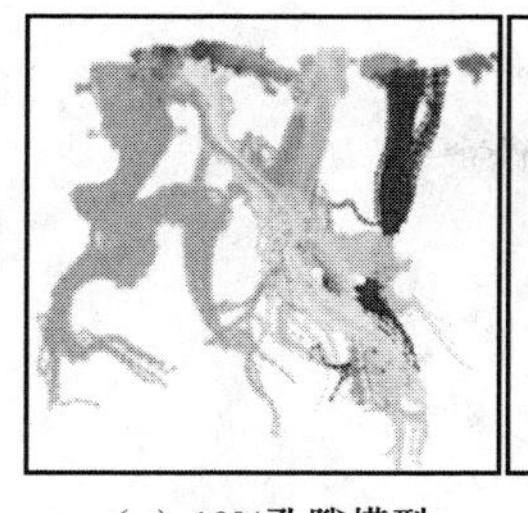
（a）10%孔隙模型

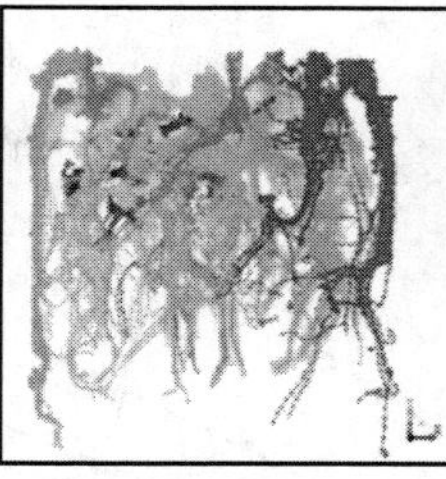
（b）18%孔隙模型

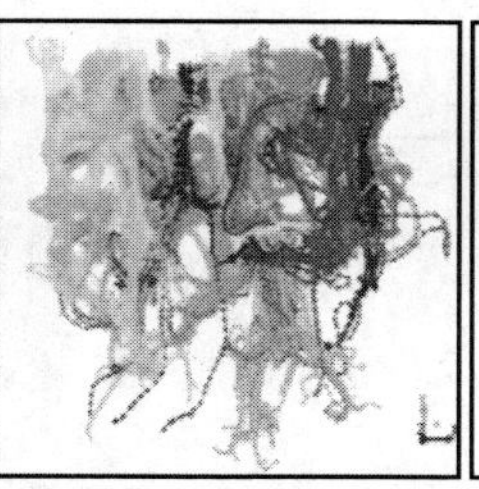
（c）22%孔隙模型

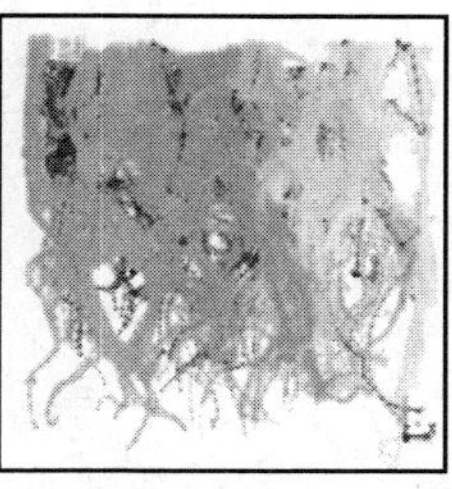
（d）26%孔隙模型

图 6.20　孔隙迹线图

由以上两图可知，在相同入口压力即压力梯度下，随着孔隙率的增加，水流对孔壁的压力作用也越来越明显，主要原因是孔内流量增加。这表明孔隙率是影响渗流的主要因素，从迹线图也可验证，在相同压力梯度下，孔隙率增加，迹线数目变多、变粗，孔隙内水流流量增加。

压力梯度 $J = \Delta p / \Delta l$ ，根据压力梯度和平均速度 q，拟合了符合实际应用的非达西渗流公式

$$J = \frac{u}{\kappa} q + \beta \rho q^2$$

式中　Δp ——压力入口和压力出口的压差，Pa；

Δl ——模型的尺寸，0.04 m；

u ——动力黏滞系数，Pa · s；

κ ——水在透水混凝土中的渗透率，m^2；

ρ ——流体密度，kg/m^3；

β ——非达西渗流系数，m^{-1}；

q ——模型的渗流速度，m/s。$q = nv$；

n ——孔隙率，%；

v ——孔隙中流动的实际速度，m/s。实际流速是用孔隙中的平均流速乘以孔隙率得到的。

其中将 $\frac{u}{k}$ 拟合为 A 值，$\beta\rho$ 拟合为 B 值，压力梯度和渗流速度关系如图 6.21 所示。

由图 6.21 可得，曲线的前半段压力梯度和渗流速度呈明显的一次函数关系，拟合相关系数均高于 0.99，拟合程度很高；孔隙率大的试件渗流模拟拟合的曲线位于上方，说明在相同压力梯度下，孔隙率越大，平均渗流速度越大，渗透率也越大。在曲线的后半段，逐渐显现出二次型的趋势，用二次函数拟合效果更好，因此是非线性段。两段曲线的交接点即为临界的水力状态，

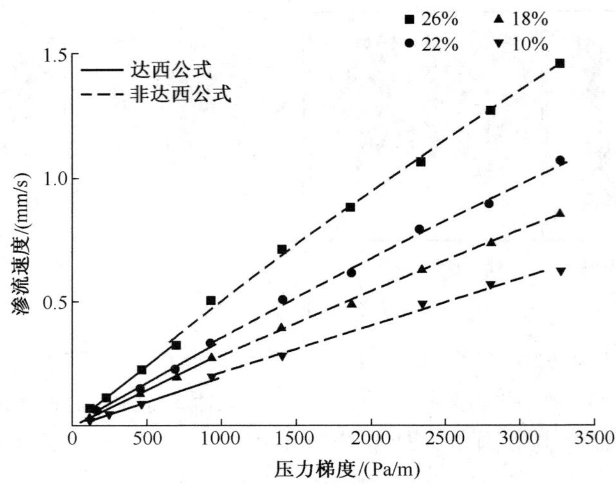

图 6.21　压力梯度和渗流速度的关系

说明透水混凝土内部的流态开始逐渐从层流演变为湍流，拟合的数据见表 6.7。

表 6.7　非达西公式参数拟合的数据

组别	有效孔隙率 $\varphi/\%$	渗透率 $\kappa/10^{-10}\mathrm{m}^2$	渗透系数 $k/(\mathrm{mm/s})$	非达西系数 β/m^{-1}
A	10	2.1	2.1	6.87×10^4
B	18	2.9	2.9	4.46×10^4
C	22	3.5	3.5	4.09×10^4
D	26	5.3	5.3	2.62×10^4

在表 6.7 中，又计算得渗透率和非达西系数，其中，渗透率经过单位换算在 105mD 量纲，与天然砾石材料渗透系数相似，与实验室测得的部分数据吻合，从而证明了模拟的正确性，也可证实孔隙率越大，渗透率越大，渗流能力越强。可见在透水混凝土渗流中，采用非达西渗流公式是合理的，可以用渗透率来衡量渗流能力。

$$Re=\frac{\rho D_\rho u}{\mu}$$

式中　D_ρ——三维的平均孔径尺寸，m；

ρ——流体的密度，$\mathrm{kg/m^3}$；

u——流体的平均孔隙流速，m/s；

μ——流体的动力黏滞系数，Pa·s。

根据上式，可以得到表 6.8 所示的数据，数据显示不同孔隙率的透水混凝土中的临界雷诺数是从 6.41 变化到 9.54，这符合 6.1 节介绍的多孔介质渗流理论。

孔隙率和渗透率的关系如图 6.22 所示。本书总结了前人的实验研究成果，与本书的研究做了对比。可以发现，孔隙率与渗透率成正相关，前期渗透率随着孔隙率增幅较慢，在孔隙率达到 15%之后，渗透率随孔隙率增长变快。而且本书的数值模拟研究也是在这些数据区间之内，比较合理。

表 6.8　不同孔隙率的透水混凝土渗流模拟的临界雷诺数

10%		18%		22%		26%	
渗流速度/(mm/s)	*Re*	渗流速度/(mm/s)	*Re*	渗流速度/(mm/s)	*Re*	渗流速度/(mm/s)	*Re*
0.009	0.314	0.031	0.765	0.053	1.30	0.062	1.79
0.036	1.19	0.072	1.79	0.074	1.80	0.127	3.65
0.069	2.31	0.133	3.30	0.147	3.61	0.240	6.90
0.142	4.71	0.202	5.02	0.221	5.42	0.332	9.54
0.192	6.41	0.273	6.78	0.324	7.95	0.501	14.4
0.270	9.02	0.397	9.86	0.507	12.4	0.706	20.3
0.381	12.7	0.488	12.1	0.625	15.3	0.875	25.1
0.491	16.4	0.623	15.5	0.785	19.2	1.06	30.5
0.567	18.9	0.735	18.3	0.891	21.9	1.27	36.5

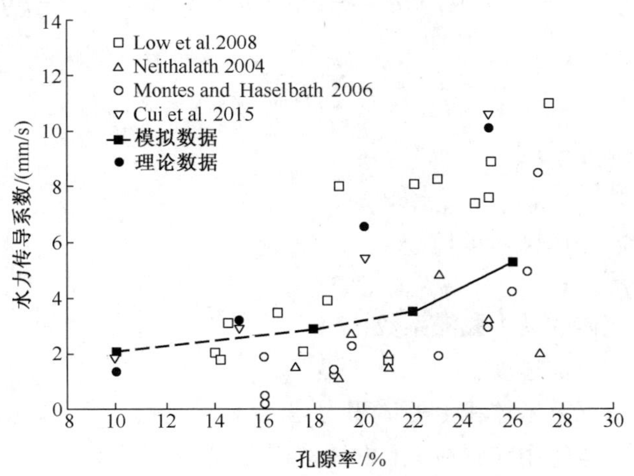

图 6.22　孔隙率与渗透率的关系

6.2.5 小结

在本节研究中，使用了基于 CT 扫描的方法来重构虚拟的透水混凝土三维模型，从中分割出连通孔隙模型。分析了目标孔隙率、实际孔隙率、3D 孔隙率以及 3D 连通孔隙率和二维平面孔隙率。结果表明，3D 孔隙率和二维平面平均孔隙率能代替真实孔隙率，3D 连通孔隙率能够代表有效孔隙率。使用 CFD 数值模拟对连通孔隙率模型进行渗流模拟。渗流模拟显示，在相同的入口压力下，渗流能力随着孔隙率的增加而增大。相同孔隙率下，随着入口压力的增加，渗流速度逐渐显现出非线性。用统一的非达西渗流公式拟合了压力梯度和渗流速度的关系，结果表明，这种技术手段用来模拟透水路面的渗流能力是可靠的。

6.3 透水混凝土堵塞数值模拟

6.3.1 CFD-DEM 模拟介绍

CFD-DEM 整个流动区域用连续性方程和 Navier-Stokes 方程来描述，后者在方程中添加了孔隙率和额外的体积力作为源项，目的是用来考虑颗粒在流体中的存在。方程由下式给出：

$$\frac{\partial \Phi}{\partial t} + \nabla(\Phi \boldsymbol{u}) = 0 \tag{6.16}$$

$$\frac{\partial(\rho \Phi \boldsymbol{u})}{\partial t} + (\nabla \boldsymbol{u})(\rho \Phi \boldsymbol{u}) = -\nabla p + \mu \nabla^2(\Phi \boldsymbol{u}) - \boldsymbol{f}_b + \rho \Phi \boldsymbol{g} \tag{6.17}$$

$$\boldsymbol{f}_b = \sum_{i=1}^{n_v} \boldsymbol{f}_{\text{fluid},\ i} \tag{6.18}$$

式中 ρ——流体密度；

Φ——孔隙率；

$\boldsymbol{u}$——流体速度矢量；

p——压力；

μ——流体的动力黏滞系数；

$\boldsymbol{g}$——重力加速度；

$\boldsymbol{f}_b$——每立方米体积上的体积力；

$\boldsymbol{f}_{\text{fluid},i}$——流体作用在颗粒 i 上的总作用力；

n_v ——每立方米体积的颗粒总数。

通过 DEM 可以确定孔隙率和流体网格单元的体积力。颗粒的动量方程考虑了与流体相互作用时的额外的体积力作为源项，方程由下式给出：

$$m\frac{\partial \boldsymbol{u}_p}{\partial t}=\boldsymbol{f}_{\mathrm{mech},i}+\boldsymbol{f}_{\mathrm{fluid},i}+m\boldsymbol{g} \tag{6.19}$$

$$\frac{\partial \boldsymbol{\omega}}{\partial t}=\frac{\boldsymbol{M}}{I} \tag{6.20}$$

式中　$\boldsymbol{u}_p$ ——颗粒速度；

m ——颗粒质量；

$\boldsymbol{f}_{\mathrm{mech},i}$ ——作用在颗粒上的体力的总和；

$\boldsymbol{g}$ ——重力加速度；

$\boldsymbol{\omega}$ ——颗粒的角速度；

I ——惯性动量；

$\boldsymbol{M}$ ——作用在颗粒上的力矩。

作用在颗粒 i 上的体力 $\boldsymbol{f}_{\mathrm{fluid},i}$ 包括两部分：曳力和流体压力梯度力，其他颗粒和流体之间的作用力如升力等在本书中被忽略了。关系式由下式给出：

$$\boldsymbol{f}_{\mathrm{fluid},i}=\boldsymbol{f}_{\mathrm{drag},i}+\frac{3}{4}\pi r^3\,\nabla p \tag{6.21}$$

$$\boldsymbol{f}_{\mathrm{drag},i}=\left(0.63+\frac{4.8}{\sqrt{Re_{p,i}}}\right)^2\left(\frac{1}{2}\rho\pi r_i^2\left|\boldsymbol{u}-\boldsymbol{u}_{p,i}\right|(\boldsymbol{u}-\boldsymbol{u}_{p,i})\right)\boldsymbol{\Phi}^{-\chi} \tag{6.22}$$

其中，$\boldsymbol{\Phi}^{-\chi}$ 是考虑当地孔隙率的经验因子。这个相关源项能够让力作用在固定系统或者流动系统上，并且适用于雷诺数在较大范围内变化的情况。

颗粒的雷诺数 Re_p 由以下公式定义：

$$Re_{p,i}=\frac{d_{s,i}\,\rho\left|\boldsymbol{u}-\boldsymbol{u}_{p,i}\right|}{\mu} \tag{6.23}$$

经验系数χ 被定义为

$$\chi=3.7-0.65\exp\left[-\frac{(1.5-\lg Re_{p,i})^2}{2}\right] \tag{6.24}$$

DEM 和 CFD 双向耦合通过以下步骤实现：①公式（6.16）~（6.18）通过 CFD 代码实现，公式（6.19）~（6.24）通过 DEM 代码实现。②孔隙率和体积力由 DEM 控制，并且由 CFD 的体积计算平均值。③每个单元的流体速度和流体压力由 CFD 确定，然后发送给 DEM 用于耦合数更新和交换。

6.3.2　DEM 模拟设置

透水混凝土制备过程中，粗骨料一般选取碎石和卵石，粒径超过 20 mm

的粗骨料占骨料比例应低于5%，骨料最大粒径应小于25 mm。骨料形状对透水混凝土性能产生影响，非圆形骨料对裂缝的阻碍作用明显，相同荷载下卵石混凝土内部产生的最大应力比碎石混凝土小，应力集中和尖端裂纹发生概率较小；由正方形、正八边形和圆形形状骨料制备而成的透水混凝土相对水渗透系数均随着骨料面积百分数的增大而减小。为满足透水混凝土强度和渗透性能的要求，一般选取单一级配、形状不规则的骨料。骨料类型和尺寸对透水混凝土的孔隙率有重要的影响，水泥浆填充在骨料之间会进一步降低透水混凝土的孔隙率。表6.9给出了透水混凝土骨料的物理性质。ImageJ 软件用来确定骨料的等效粒径和骨料的级配曲线。图6.23展现了真实的骨料图

表6.9 骨料的物理性质

颗粒粒径（mm）	表观密度（g/m^3）	堆积密度（g/m^3）	孔隙率（%）	针入度
5~12	2.665	1.665	37.89	8.6

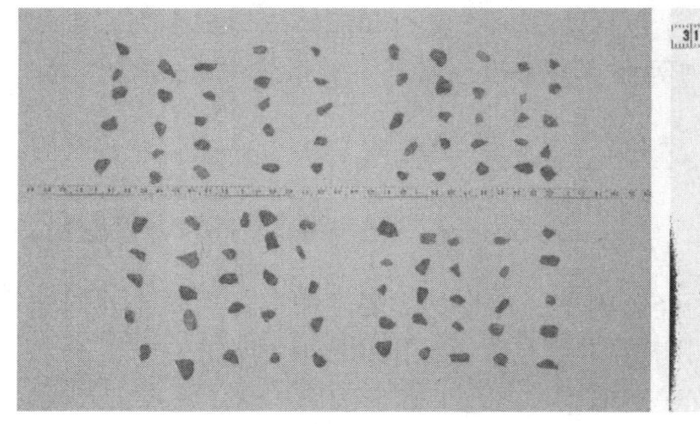

（a）真实的骨料图片

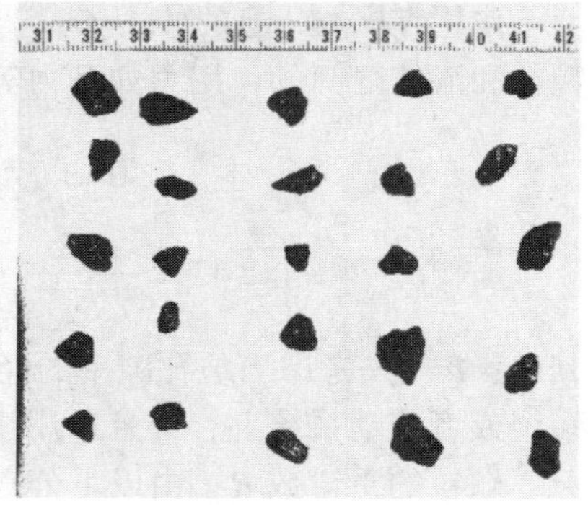

（b）经二值化处理后的骨料图片

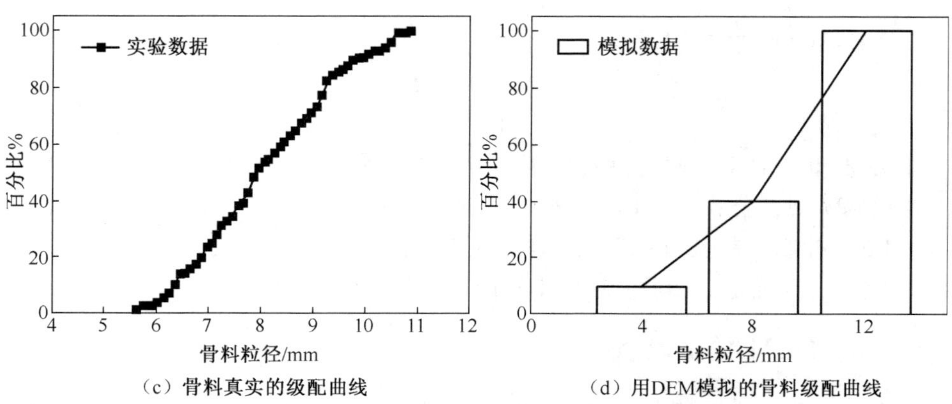

（c）骨料真实的级配曲线

（d）用DEM模拟的骨料级配曲线

图6.23 骨料图片和级配曲线

片，经二值化处理后的图片和骨料真实的级配曲线，其中骨料粒径的变化范围为 5~11 mm。最后用 DEM 模拟的骨料级配曲线是根据骨料真实的级配曲线得到的，当然存在很多种方案，本书中是比较接近的一种骨料级配。

在 DEM 模拟中，3 种不同粒径的颗粒用来组成透水混凝土，粒径分别为 4 mm、8 mm 和 12 mm。在这里用球代替了不规则形状的骨料，粒径与实际得到的级配曲线基本一致。6.2 节中的透水混凝土渗流模型不适用于 CFD-DEM 模拟，原因是采用非结构网格，模型内部许多地方的网格尺寸小于颗粒的尺寸，这是不符合双相耦合模拟要求的。在 DEM 模拟中，骨料的体积比固定为 1∶3∶6，见表 6.10。用这种不同数目的小球堆积压实的方法可以实现孔隙率 25%、30%和 35%的透水混凝土；而孔隙率小于 25%的透水混凝土根据小球堆积理论，用 3 种粒径差距不大的小球堆积很难实现。在 EDEM 中生成骨料后，EDEM 中会用一个平板从上到下进行轻微的压实，来保证颗粒之间紧密接触，图 6.24 描述了这种压实过程，首先是堆积颗粒，然后平板用很小的速度（如 0.005 m/s）向下压实，这样能够保证使颗粒压实后尽快恢复稳定状态。为了模拟出水泥浆的效果，在该模拟中使用了黏结颗粒模型（Bonded Particle Model，BPM）。该模型能够将骨料颗粒在黏结力的作用下黏结成一个整体，BPM 模型的参数见表 6.11。其中，颗粒之间临界正应力和临界剪应力设置得足够大，用来抵挡水流的冲击力，因为该模型不需要研究透

表 6.10 透水混凝土模型参数

模型	孔隙率 /%	颗粒数 (4 mm)	颗粒数 (8 mm)	颗粒数 (12 mm)	密度 /(kg/m^3)	剪切模量 /Pa	泊松比
1	25	6 650	2 494	1 478	3 000	1×10^6	0.3
2	30	6 200	2 325	1 378			
3	35	5 800	2 175	1 289			

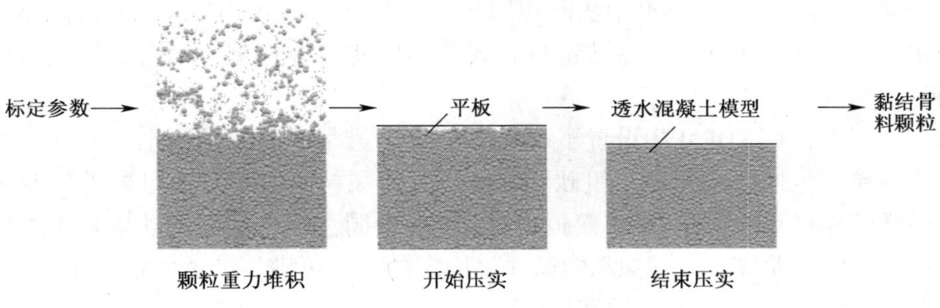

图 6.24 EDEM 压实过程

水混凝土的力学性能，如抗拉、抗压强度等，因此这两个参数可以标定得足够大。

表 6.11 BPM 模型的参数

参数	数值	单位
法向刚度	2×10^{7}	N/m^3
切向刚度	2×10^{7}	N/m^3
临界正应力	5×10^{30}	Pa
临界切应力	5×10^{30}	Pa

透水混凝土模型的骨料和水泥的体积通过 $V_a = V_c \times (1-P)$ 计算，其中 V_a 是骨料和水泥的总体积，V_c 是透水混凝土的体积，P 是孔隙率。为了简化计算，在模拟中使用的只是球模型，水泥的体积被加入到骨料的体积当中。这种近似是合理的，当水泥具有良好的流动性时，水泥会覆盖在骨料表面上形成膜。进一步的解释，BPM 模型中的黏结键就相当于水泥的作用，只是不占用透水混凝土的体积。

在 DEM 模拟中，骨料密度是 2 450 kg/m^3，剪切模量是 1×10^6 Pa，泊松比是 0.3。这些参数是通过实验和文献标定出来的。值得注意的是，剪切模量的量纲应该是 10^{-10} Pa。在 DEM 模拟中，为了加速数值模拟的计算，通常选择较小的剪切模量以增大模拟的时间步长。这样做会稍微改变颗粒之间的接触变形，但是这种尺寸的变形相比于整体的孔隙结构，变化微乎其微，因此不会改变透水路面整体的堵塞行为。在 BPM 模型中，法向和切向刚度分别是 2×10^7 N/m^2，法向刚度指的是沿着黏结键轴向的刚度，切向刚度指的是正交于黏结键主轴方向的刚度。在本书中，假设硬化后的水泥和骨料有相同的材料属性，即水泥混凝土是各向同性均匀的材料。这样，刚度值可以参考 Kazerani 和 Zhao 的研究，但是本书中法向和切向刚度值分别是 5×10^{30} Pa，它们远远大于实际值，这样能够使得黏结键将骨料黏结紧密，而且水流不会破坏透水路面的结构。

接下来，在 EDEM 中设置了颗粒工厂位于透水混凝土路面上，用来生成泥沙颗粒，包括全级配砂、粗砂、细砂。泥沙颗粒的级配是通过野外实验采集砂样筛分得到的。在 DEM 模拟中，3 种各向同性混合均匀的沙子基本生成了各自的级配曲线，泥沙颗粒尝试通过固定的、不可破坏的透水混凝土模型。表 6.12 展示了泥沙颗粒参数和级配。

在 EDEM 中，泥沙颗粒被描述成不同的颜色，用来区分不同粒径的颗粒。如泥沙粒径为 2.36~4.75 mm 被描述成粉红色。表 6.12 中蓝色颗粒，实际粒径小于 0.15 mm，在实际筛分中是细土颗粒，在模拟中被忽略了，因为粒径太小，模拟生成过程太慢，而且对堵塞过程影响可以忽略不计。

表 6.12 泥沙颗粒参数和级配

颗粒粒径（mm）	颜色	细砂 /%	粗砂 /%	全级配砂 /%	密度 /(kg/m³)	剪切模量 /Pa	泊松比
2.36~4.75	粉	0	44.06	30.83	2 650	1×10^6	0.3
1.18~2.36	黄	0	28.20	19.74			
0.6~1.18	绿	0	27.74	19.42			
0.3~0.6	黑	42.70	0	12.81			
0.15~0.3	红	27.31	0	8.20			
<0.15	蓝	29.99	0	9.00			

注：骨料、泥沙颗粒之间的恢复系数、静摩擦系数、滚动摩擦系数被固定为 0.001、0.5 和 0.2。

6.3.3 CFD-DEM 模拟

1. CFD-DEM 模拟设置

图 6.25 描述了 CFD-DEM 模型和网格尺寸。图中透水混凝土路面长、宽、高分别是 400 mm、250 mm、30 mm。为了模拟路面径流，透水混凝土路面之上有 10 mm 的水位。图中也描述了网格的划分，在接近水平径流区域网格被细化成高度为 1 mm 的尺寸。在 FLUENT 中，VOF（volume of fluid）用来观察水位的变化和模拟水流流动的状态，EDEM 用来模拟泥沙颗粒进入透水混凝土孔隙的过程。流体的计算时间步长是 5.0×10^{-4} s，颗粒的计算时间步长是 5.0×10^{-6} s，相差 100 倍，符合 CFD-DEM 模拟的要求。

2. 模拟工况的设置

表 6.13 显示了透水混凝土路面泥沙堵塞工况的设置。工况的设置遵循了控制变量法的原则，研究了单一变量对透水混凝土堵塞行为的影响，设置了组内对比。工况 1~3 的变量是水平径流流速，工况 1 和 4、5 的变量是孔隙率。工况 3 和 6、7 的变量是渗流流速，由水平径流流速控制。工况 1 和 8、9 的变量是泥沙级配。工况 10 代表了降雨径流和排水的周期性循环，水位会周期性地升高和降低。

无论是在实验室还是野外，观察到的透水混凝土路面径流携带泥沙堵塞的现象都是短历时的，相当于快速堵塞过程。因此，在模拟中假设是一次性快速堵塞阶段。另外，观察到透水混凝土路面的下渗流速一般小于径流流速的 1%，因此可以说是均匀流。模拟历程一共是 20 s。其中，前 2 s 用来保证径流自由液面的稳定性，2 s 过后开始在一瞬间添加泥沙颗粒。

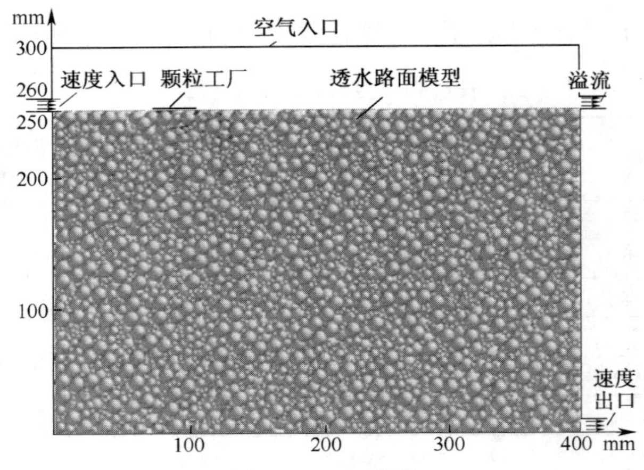

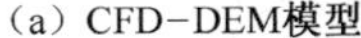
(a) CFD-DEM模型

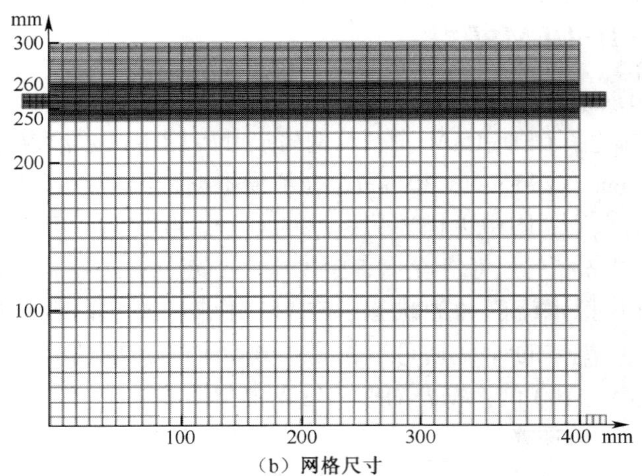

(b) 网格尺寸

图 6.25 CFD-DEM 模型和网格尺寸

表 6.13 透水混凝土路面泥沙堵塞工况的设置

工况	孔隙率/%	水平径流流速/(m/s)	渗流流速/(mm/s)	沉积物粒径分布
1	25	0.19	2	Well-graded
2	25	0.29	2	Well-graded
3	25	0.37	2	Well-graded
4	30	0.19	2	Well-graded
5	35	0.19	2	Well-graded
6	25	0.37	4	Well-graded

续表

工况	孔隙率 /%	水平径流流速 /(m/s)	渗流流速 /(mm/s)	沉积物粒径分布
7	25	0.37	6	Well-graded
8	25	0.19	2	Coarse
9	25	0.19	2	Fine
10	25	Cycle	—	Well-graded

6.3.4　实验设置

实验部分可以参看文献［39］。文献［39］中的模拟设置了与本书实验一致的实验条件。透水路面实验设备包括水槽和循环模拟水箱、水泵以及常水头供水箱和高清摄像机，如图 6.26 所示。为了模拟堵塞内部的过程，采用一种特殊材料的球，这种球放在水中能够完全隐形，也可以组成不同孔隙率下的透水路面，如图 6.27 所示。

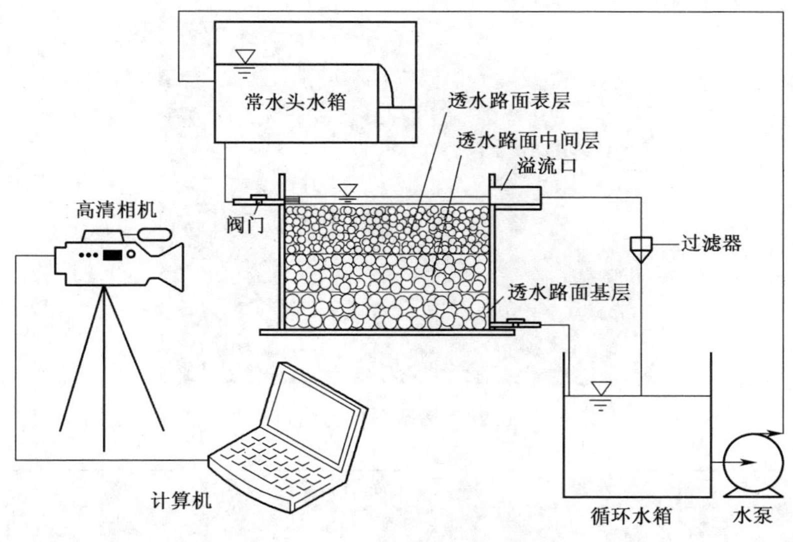

图 6.26　实验设备

6.3.5　堵塞机理研究

图 6.28 所示为堵塞颗粒分布，描述了泥沙颗粒进入一定深度的透水混凝土路面。为了揭示堵塞机理，图 6.29 描述了放大的堵塞区域范围，堵塞区域

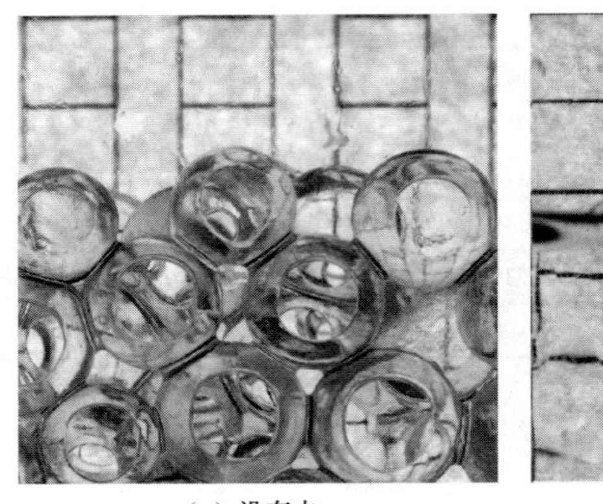

(a) 没有水

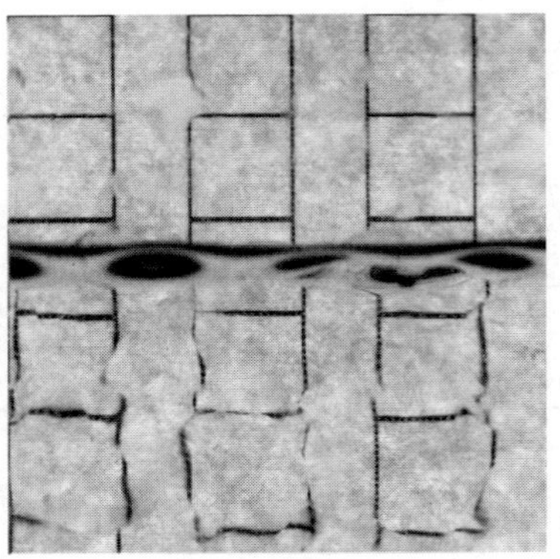

(b) 在水中

图 6.27 实验所用水球

被分成 A、B 两种，并且只是展示了堵塞发生的过程，堵塞之前和堵塞之后的过程都没有展示。

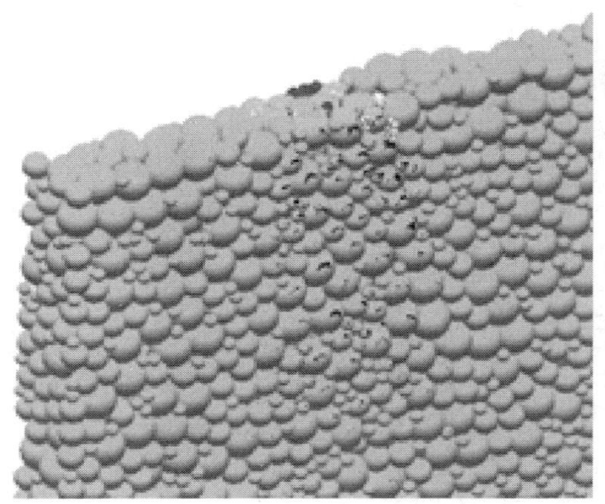

图 6.28 堵塞颗粒的分布

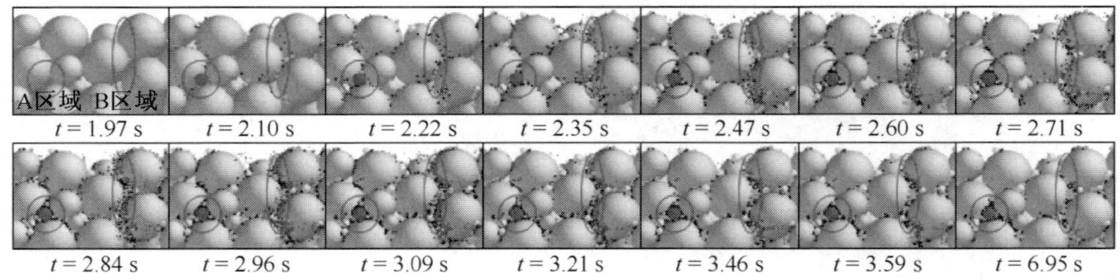

图 6.29 堵塞发生的过程

A 区域堵塞机理：粉红色和黄色颗粒首先停留在透水混凝土的表面浅层深度，10 mm 以内。它们一旦堵塞在孔隙中很难再次启动。这使得透水混凝土一些孔隙通道也就是水流通道突然变窄，其他小颗粒迅速堵在它们周围。

B 区域堵塞机理：透水路面内的孔隙形状和大小是随机分布的，这造成了水流优势通道的出现。紧随其后运动而来的泥沙颗粒堵在优势通道附近，堵塞区域逐渐形成和变得稳定，只有最小的颗粒仍然能够穿行渗透过去。

同样的，A、B 区域堵塞机理实验中由相机捕捉到堵塞过程，如图 6. 30 所示。

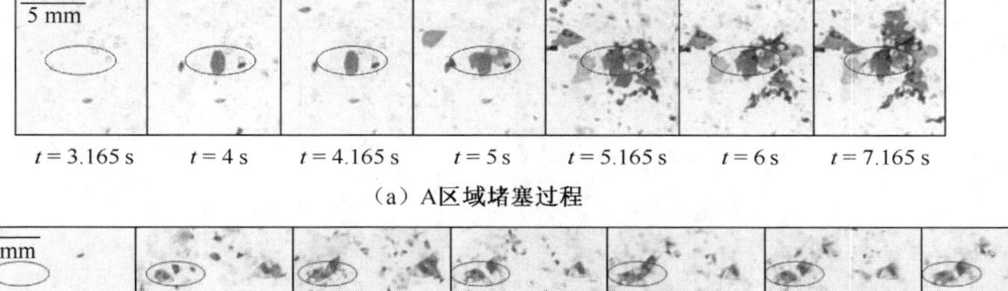

（a）A区域堵塞过程

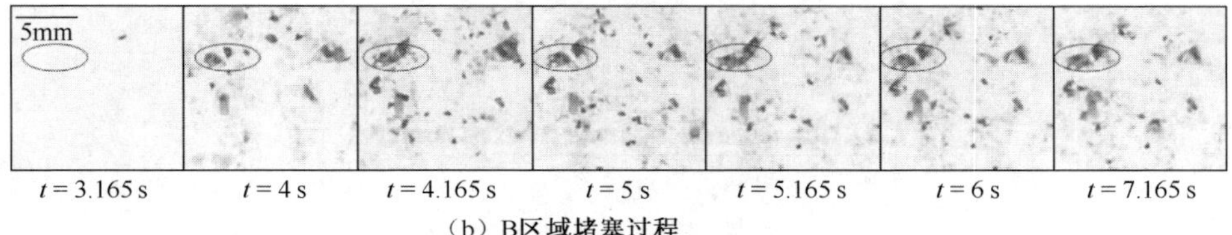

（b）B区域堵塞过程

图 6. 30　两种堵塞过程

不同层上的堵塞发展过程随时间变化的曲线如图 6. 31 所示。透水混凝土路面被分成了 4 层，即层Ⅰ（0 ~ 10 mm）、层Ⅱ（10 ~ 30 mm）、层Ⅲ（30 ~ 60 mm）和层Ⅳ（60 ~ 100 mm），宽度为 175 mm，高度为 30 mm。

在图 6. 31 中，所有粒径的颗粒均存在层Ⅰ上，黄色和粉色颗粒的体积占比最大，这说明粒径为 1. 18 ~ 4. 75 mm 的大颗粒能够停留在透水混凝土的浅层 10 mm 深处。在层Ⅱ，绿色和黑色颗粒的比例相对其他的要大，但仍然小于层Ⅰ，少量的黄色和粉色颗粒存在层Ⅱ，这说明粒径为 0. 3 ~ 1. 18 mm 的颗粒能够容易地渗透进 30 mm 深度。在层Ⅲ，确实有一些红色的颗粒，这说明颗粒小于 0. 3 mm 的颗粒能够渗透进更深的层。60 mm 深度是绝大多数粒径的颗粒能够渗透的极限，如层Ⅳ，很少有颗粒存在，该层没有展示在图中。

运用统计学定律，CFD-DEM 模型能够揭示泥沙颗粒的二次运动。通过手动选择出代表性的颗粒，分析颗粒的位置和速度，结果如图 6. 32 所示。图 6. 32 表明粒径为 0. 3 ~ 0. 6 mm 的泥沙颗粒能够运移至透水混凝土内部 30 mm 深，粒径为 0. 15 ~ 0. 3 mm 的泥沙颗粒能够运移至透水混凝土内部 60 mm 深。图 6. 32（a）中，当斜率突然改变的时候，它们的垂直速度也会相应改变，

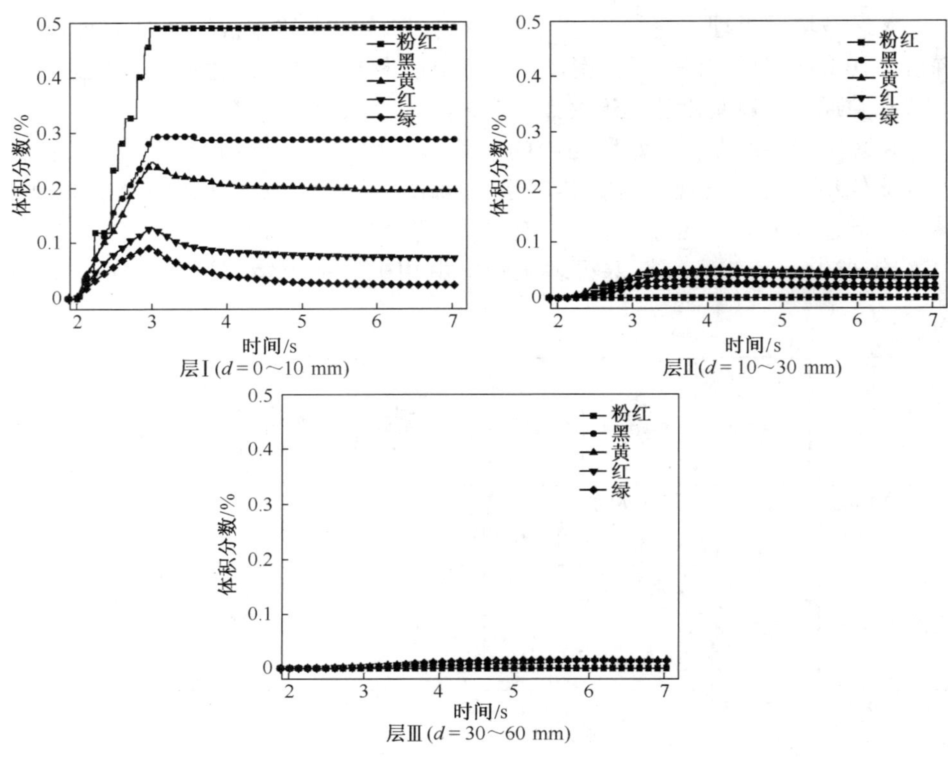

图 6.31 不同层上的堵塞发展过程随时间变化的曲线

改变的样式就像脉冲一样。这表明颗粒再次启动。然而，大颗粒并不存在这种现象，粒径为 0.3~4.75 mm 的颗粒会停在透水混凝土表面，它们很难在水流的作用下再次启动。所有的颗粒最终会归于静止并且停留在一个合适的位置。如图 6.32（b）所示，颗粒的速度在一系列波动之后最终降低为 0。

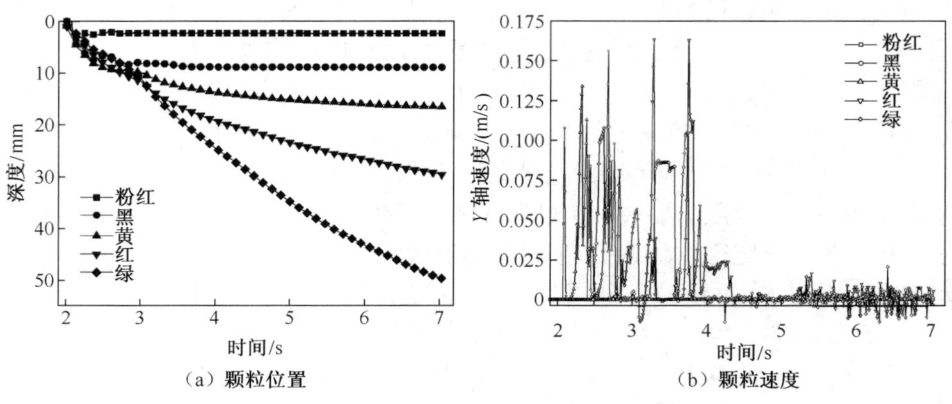

（a）颗粒位置　（b）颗粒速度

图 6.32 代表性颗粒的位置和速度

6.3.6　影响堵塞的因素探究

1. 透水混凝土本身孔隙率因素

图 6.33 给出了不同孔隙率的透水混凝土路面不同层上的堵塞发展过程。首先揭示了统一的堵塞发展规律：泥沙颗粒最初进入透水混凝土路面的上层，这导致层Ⅰ的颗粒体积占比迅速增加，并且在 3 s 之后达到峰值。接下来，泥沙颗粒会从层Ⅰ转移到层Ⅱ，这表明泥沙颗粒在层Ⅱ的占比开始增加。在层Ⅲ上仍然有一些数量的泥沙小颗粒，在层Ⅳ上几乎没有泥沙颗粒存在。

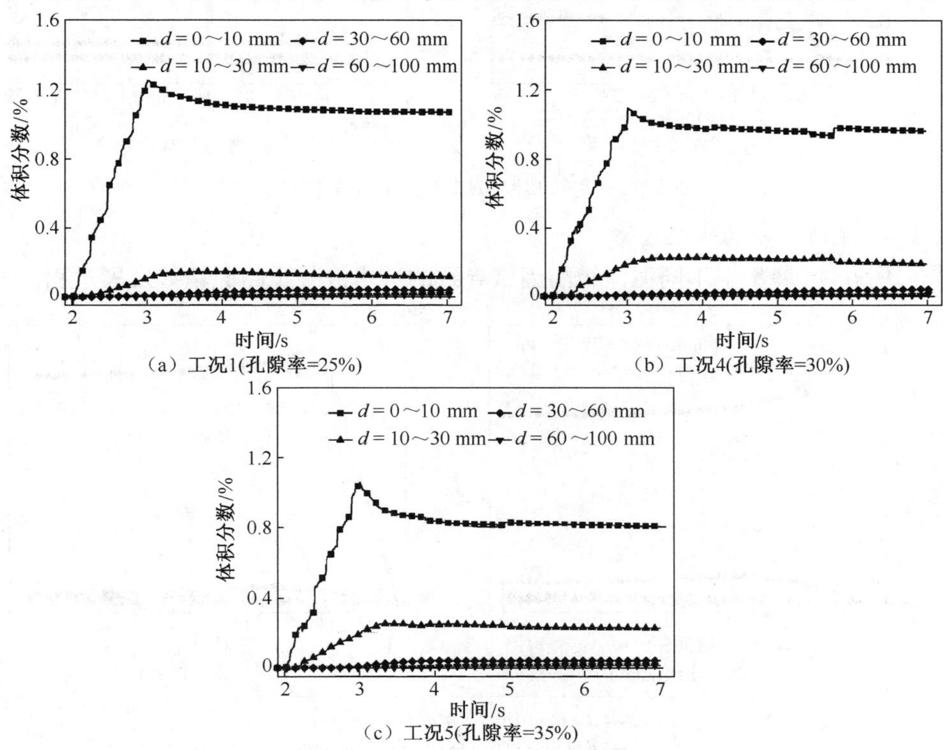

（a）工况1(孔隙率=25%)
（b）工况4(孔隙率=30%)
（c）工况5(孔隙率=35%)

图 6.33　不同孔隙率的透水混凝土路面不同层上的堵塞发展过程

图 6.33 也揭示了相比于孔隙率为 25%的透水混凝土层，孔隙率为 30%的透水混凝土层泥沙颗粒的体积比例在层Ⅰ上稍微降低，在层Ⅱ上有所增加。随着孔隙率的增加，如孔隙率为 35%的透水混凝土路面泥沙颗粒的体积比例在层Ⅰ上明显降低，在层Ⅱ上明显增加，这表明泥沙颗粒随着孔隙率的增加能运移得更深。

图 6.34 描述了实验和模拟堵塞过程的数据对比，两者的堵塞发展过程基本上是一致的。但是在稳定阶段，小粒径的颗粒分布比例相比较而言，数值

模拟的结果分层不那么明显，这是因为数值模拟中颗粒投放的数量有限，是为了节约计算时间导致的。

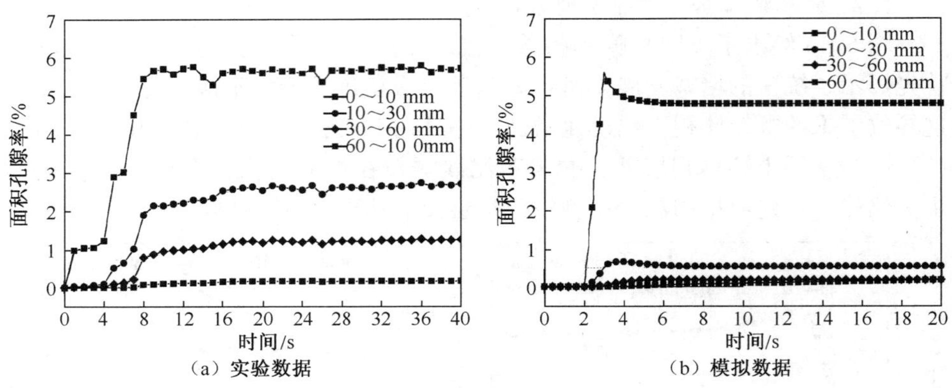

（a）实验数据　　（b）模拟数据

图 6. 34　实验和模拟堵塞过程的数据对比

2. 泥沙颗粒的级配因素

图 6. 35 展示了不同泥沙级配因素导致的透水混凝土路面堵塞发展过程。

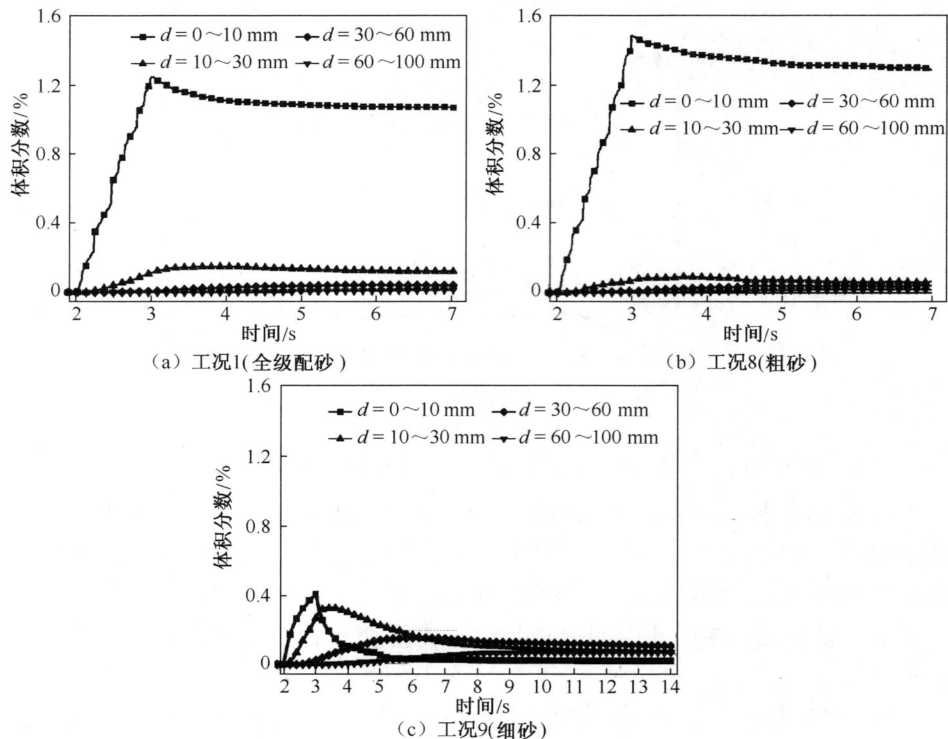

（a）工况1(全级配砂)　　（b）工况8(粗砂)

（c）工况9(细砂)

图 6. 35　不同泥沙级配因素导致的透水混凝土路面堵塞发展过程

结果说明，在整体上，粗砂大部分停留在 10 mm 深处，全级配砂能够达到 30 mm 深度，但是很难到达更深处。细砂能够运移至 60 mm 深，甚至达到 100 mm 深。相似的发现被 Kayhanian 等证明[22]。

泥沙颗粒的堵塞机理主要取决于 D_l/D_s，也就是堵塞颗粒粒径与骨料粒径的比值，骨料粒径与透水混凝土内部孔隙粒径密切相关。当 D_l/D_s 小于 $\sqrt{3}/(2-\sqrt{3}) \approx 6.46$ 时，泥沙颗粒只能停留在孔的表面，因为它们粒径太大以至于无法穿过孔隙。当 $D_l/D_s > 6.46$ 时，一般来说颗粒能够穿过孔隙内部，有时候一些粒径的颗粒同时挤过孔隙会造成拱现象。在此研究中，等效孔径定义级配曲线中有 50% 比例对应的粒径。根据表 6.12，在细砂、粗砂、全级配砂中等效粒径分别为 0.25 mm、1.18 mm 和 2.2 mm。根据图 6.23 计算出来等效骨料粒径为 8 mm。因此 D_l/D_s 的比值分别为 32、6.78、3.64，这意味着细砂可以形成拱效应，也就是细砂会堆积在孔隙周围；粗砂只能停留在透水混凝土表面。从堵塞效果上看，粗砂更容易堵，而细砂会造成严重的堵塞，因为它们存在于透水混凝土中更深的位置。

3. 水平径流流速因素

如图 6.36 所示是不同水平径流流速下泥沙颗粒的垂直速度变化。泥沙颗

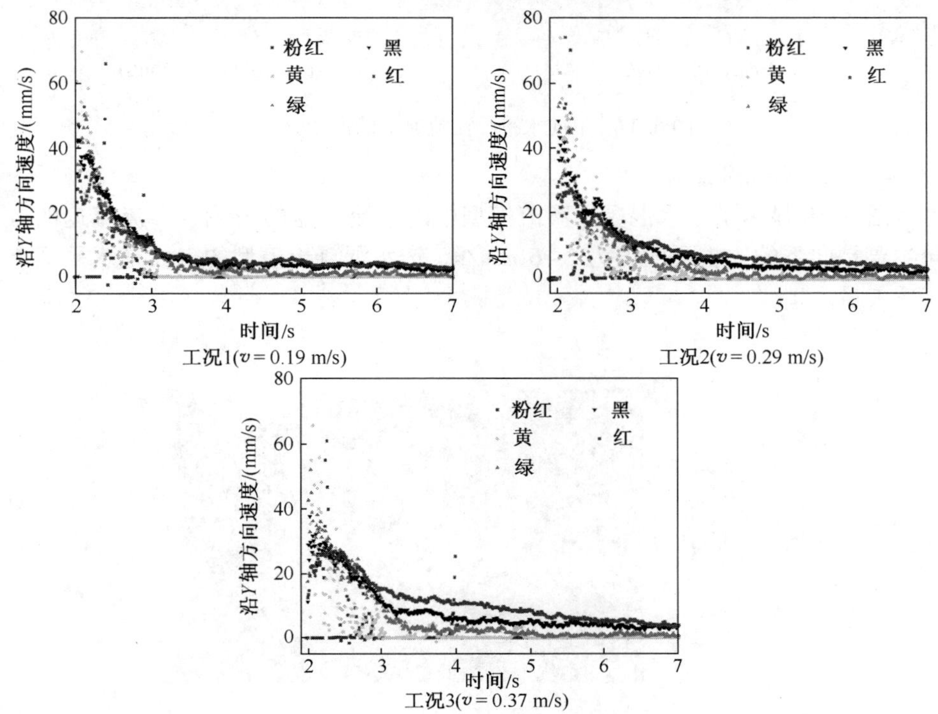

图 6.36　不同水平径流流速下泥沙颗粒的垂直速度变化

粒的垂直运移速度指的是所有相同粒径颗粒的平均速度，能够描述该种颗粒的整体运移情况。该图显示了随着颗粒粒径的变小，颗粒的垂直速度不断地增加，因为颗粒越小它们越容易被水流影响并且可能变成悬浮物质。随着水平径流流速的增大曲线会分散开来，尤其是黑色和红色颗粒的曲线。最终，所有的颗粒的运动随着时间的进展会静止下来。

图 6. 37 显示的是不同水平径流流速下的泥沙分布。其中透水路面模型被隐藏了，只有泥沙颗粒被保留下来，观察泥沙颗粒的分布。由图 6. 37 可见，颗粒位置会随着水平径流流速的增大明显地向右运移。这是因为泥沙颗粒在径流作用下在下游地区分布范围更广，它们能够发现更多的孔并运移进去。

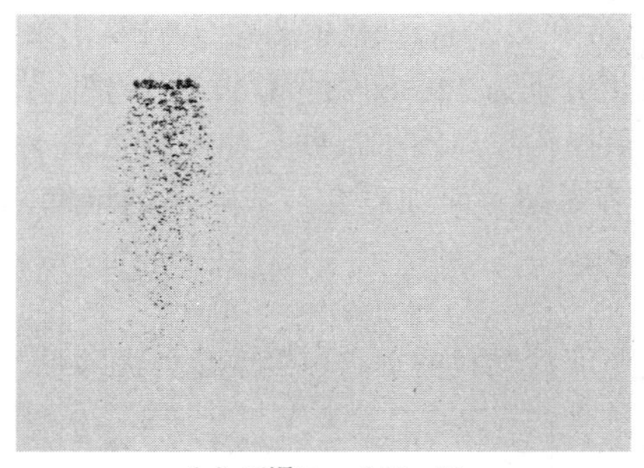

（a）工况1(v = 0.19 m/s)

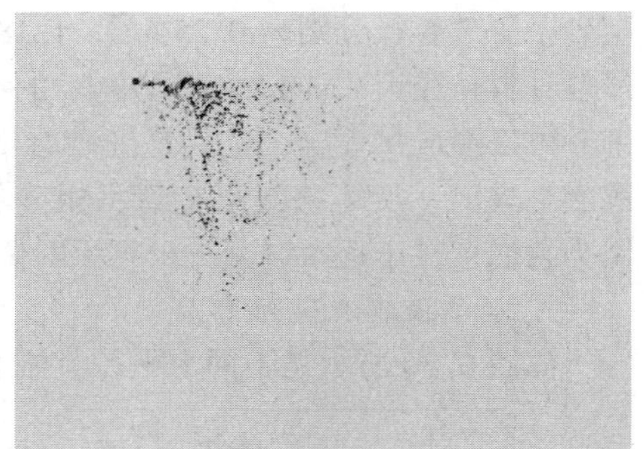

（b）工况3(v = 0.37 m/s)

图 6. 37 不同水平径流流速下的泥沙分布

4. 渗流流速因素

图 6. 38 显示了透水混凝土渗流模型中的渗流流速的矢量。渗流流速的方向主要是向下的，主要的值为 2~6 mm/s。透水混凝土模型的表面是水平径流流速矢量。

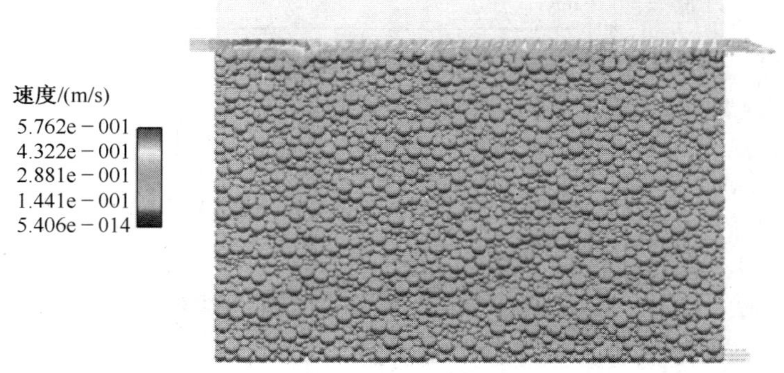

图 6. 38 透水混凝土渗流模型中的渗流流速的矢量

图 6. 39 显示的是不同渗流流速下颗粒的垂直速度。渗流流速的改变是通过控制出口流速来实现的，出口流速越大，渗流流速相应地越大。随着渗流流速的增加，小颗粒的垂直速度稍有增加。这个现象并不是很明显，主要是因为渗流流速改变的范围是 2~6 mm/s，这个区间要比水平径流流速的变化小 100 倍。

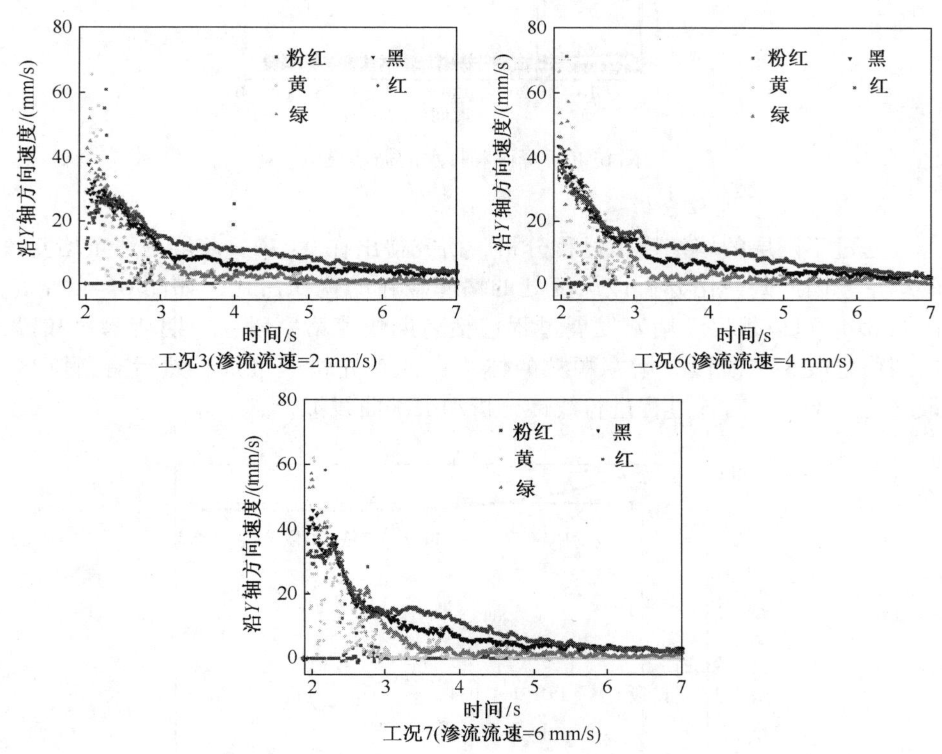

图 6. 39　不同渗流流速下颗粒的垂直速度

5. 降雨和排水循环因素

图 6. 40 描述了透水混凝土中降雨和排水条件下的循环模拟。循环模拟共进行了三个循环，每次循环包括 7 s 排水和 10 s 充水的模拟。在首次降雨排水之后，再进行多次降雨循环模拟对已经形成的泥沙堵塞效果影响不大。也就是说，除非产生极端径流，否则下一场降雨对上一场降雨携带泥沙形成的堵塞状况影响不大。

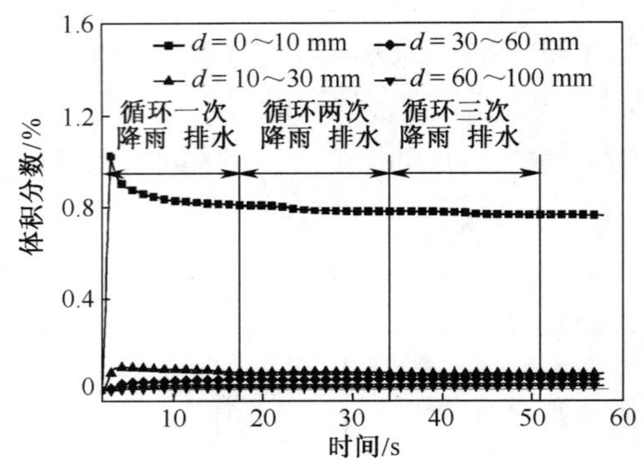

图 6.40 降雨和排水的循环模拟

6. 堵塞发展过程分析

通过不同层的堵塞模拟过程分析，研究得出在 0~30 mm 层是严重堵塞段的结论。因此归一化分析该深度处的堵塞颗粒的体积占比，如图 6.41 所示。由图 6.41 可以得出，堵塞发展过程包括前期快速堵塞段、中期堵塞缓和段、后期稳定段 3 个阶段。堵塞颗粒的体积占比首先快速增加，然后有所降低，最终趋于不变。对该过程进行线性分析和二次曲线拟合。

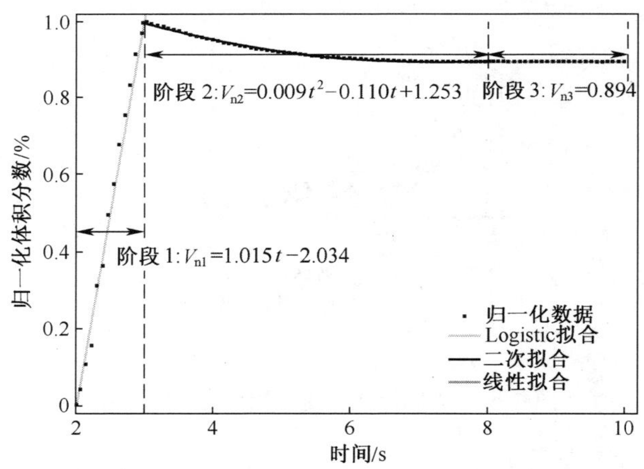

图 6.41 归一化分析 0~30 mm 层的堵塞颗粒体积占比

阶段 1 $$V_{n1}=1.094t-2.225$$

阶段 2 $$V_{n2}=0.007t-0.098t+1.228$$

阶段 3 $$V_{n3}=0.894$$

式中 V_{n1}——阶段 1 的归一化堵塞颗粒体积占比,%；

V_{n2}——阶段 2 的归一化堵塞颗粒体积占比,%；

t——时间，s；

V_{n3}——阶段 3 的归一化堵塞颗粒体积占比,%。

如果在外部条件下，有源源不断的泥沙颗粒源，堵塞颗粒的体积占比会略有增加，最终会趋于饱和，而不会有明显的堵塞缓和段。堵塞缓和段存在的原因是部分小颗粒持续不断地往透水混凝土深处运移，小颗粒在透水混凝土内部的比例还没有达到饱和状态。

6.3.7 讨论

为了能够直接观察到透水混凝土路面内部的孔隙堵塞状况，创新性地设计了数值模拟和相应的物理实验。采用了图 6.42 所示的装置进行堵塞模拟实验[40]。

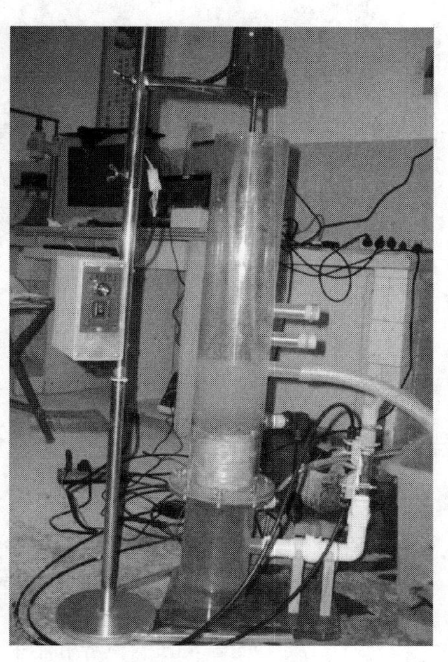

图 6.42 堵塞模拟实验装置

该实验能够验证数值模拟和物理实验的正确性。它采用的是真实的透水混凝土试件，通过对比最大流速和平均流速等数据，可以发现两者是相符合的。本书中透水混凝土的简化模型采用的是小球堆积并黏结形成的，与真实的骨料形状有差距，但是孔的结构都是由孔室和孔喉组成的，如图 6.43 所示。并且大颗粒总是被卡在孔喉处，这些大的颗粒起到架桥的作用，小的颗粒可以在它附近堆积。这条规则并不会因为材料的改变而改变，所以这样简化是合理的。

另外还有以下不足可以改进。

（1）将来可以考虑受载的影响，目前只考虑了雨水径流的影响。

（2）泥沙颗粒在实际路面中应该是平铺在整个路面表层的，这里的模拟考虑到计算量和计算能力，假设的堵塞边界条件是点源污染而不是面源污染。

6.3.8 小结

本节研究显示了 CFD-DEM 模拟能够揭示透水混凝土堵塞发展过程，并且能够考虑到不同的外界条件，如堵塞颗粒的级配、透水混凝土的孔隙率、

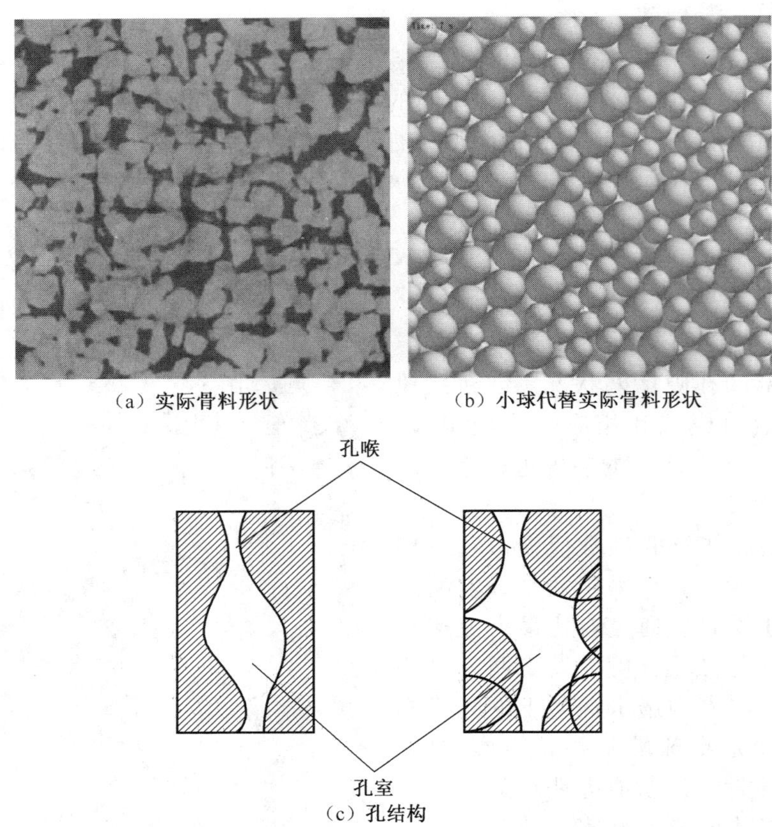

（a）实际骨料形状 （b）小球代替实际骨料形状

（c）孔结构

图 6.43 自然界和本书中透水混凝土模型的孔结构

水平径流流速和渗流流速等。CFD-DEM 模型能够有效地解释透水混凝土内部的堵塞机理，并且由室内试验得到了验证。解释了两种堵塞机理：有大颗粒存在的情况和没有大颗粒存在的情况。第一种情况更容易发生而且演化的过程非常快。D_l/D_s 比例反映了骨料粒径与泥沙颗粒粒径的比值对透水混凝土的堵塞有着本质的影响，决定堵塞发展的特征。详细研究了泥沙颗粒级配与堵塞深度之间的关系，对在实际工程建设中修复堵塞有着重要的意义。泥沙颗粒堵塞过程被划分为 3 个阶段，首先是快速堵塞段，然后是堵塞缓和段，最终是堵塞稳定段。归一化分析透水混凝土内部 0～30 mm 深度堵塞颗粒的体积占比，并且拟合了发展趋势。深入研究颗粒二次运移现象，得到的结论是堵塞颗粒的位置和速度会随着时间的变化而改变，小颗粒会显现出二次启动现象，从静止到再次往透水混凝土内部运移。

基于以上分析得出以下结论：

（1）细砂、粗砂、全级配砂的 D_l/D_s 值分别是 32、6.78 和 3.64。这说明粗砂更容易堵，而细砂造成的堵塞更严重。

（2）全级配砂能够运移至透水混凝土内部 30 mm 深度处，粗砂能够运移至透水混凝土表面 10 mm 之内，细砂能够运移至透水混凝土内部 60 mm 甚至 100 mm 深度。

（3）粒径为 1.18～4.75 mm 的泥沙颗粒在水流的作用下很难二次启动，粒径小于 1.18 mm 的泥沙颗粒更容易二次启动并且成为悬浮物质。

（4）孔隙率、渗流流速、水平径流流速等因素对堵塞的发展过程有明显的作用。

（5）降雨和排水的循环作用对透水混凝土内部的堵塞发展过程影响不大。

6.4 透水路面渗透率模型理论研究

6.4.1 渗透率模型理论研究现状

透水混凝土中水的运输能力已经得到广泛研究，提出了各种关于总孔隙率和渗透系数的关系的公式，见表 6.14。预测材料渗透率相关的修正模型经常用经典的渗透率-孔隙率关系式 Kozeny-Carman 模型，见表 6.15，它是由达西定律推导过来的，基于以下两个假设：①在多孔介质中的流动是层流和无黏性流。②孔隙系统是由 N 束相同的平行圆管组成。这些模型已经用来设计透水混凝土路面的一些指标。

在原始的 Kozeny-Carman 公式中，需要标定比表面积（SSA）和曲折度。比表面积可以通过两点相关函数来测量，通常嵌入在 3D 重构程序中。这种重构程序能生成与实际物体相似的孔隙率和孔隙结构的物体。固体材料的 SSA 也可以用 EGME 方法测量[8]。然而这种方法容易产生不合理的较小的渗透率的结果。通常来说，曲折度是比较难以测量的。Sansalone[38]使用 X 射线断层扫描技术和重量分析几何学方法测得 SSA，平均曲折度是 4.13。用经验公式和数值模拟方法测量曲折度仍然有很大的改进空间。因为经验分析方法确定的曲折度只是适合理想的多孔介质系统，并不能代表自然界中存在的多孔介质。目前，大部分基于图像处理程序的商业软件还不具有准确测量曲折度的功能。借助 Matlab 编程处理会耗时耗力。到目前为止许多修正的 Kozeny-Carman 模型只有有限的实际应用，因为模型中的参数很难测得，比如比表面积和曲折度。

表 6.14 渗透率模型

模型	公式
线性	$k = m\phi + n$
指数	$k = m\phi^n$
幂指数	$k = me^{n\phi}$
Kozeny-Carmam 公式	$k = 18\dfrac{\varphi^3}{(1-\varphi)^2}$

表 6.15 Kozeny-Carman 公式

Kozeny-Carman 公式	注释	介质
$k = \dfrac{\phi_t^3}{c_0\left(\dfrac{L_e}{L}\right)^2(1-\phi_t)^2(\mathrm{SSA})_s^2}\dfrac{P\cdot g}{\mu}$	理论	多孔介质
$k = \dfrac{d^2\phi^3}{16c(1-\phi)^2}$	理论	积物
$k = 18\dfrac{\phi^3}{(1-\phi)^3}$	经验	透水混凝土

表中：g 为重力加速度，m/s^2；μ 为水的运动黏性系数，m^2/s；SSA 为材料的比表面积，cm^{-1}；c_0 是经验系数；P 为多孔介质的孔隙率，%。

6.4.2 渗透系数修正公式

本研究致力于提出一个实用的修正的渗透系数公式，目的是能够用来预测透水混凝土的渗透能力。

(1) 首先假设渗流类似于毛细管（圆管）渗流，利用水力学中的泊肃叶公式：

$$\frac{h}{l} = \frac{J\vartheta\,(1-P)^2 v\,S^2}{g\,P^3\,d^2} \tag{6.25}$$

式中 h/l——每单位长度的水头损失（m/m）；

J——常数，在多孔介质渗流层流区域一般等于 6，无量纲；

ϑ——运动粘度（m^2/s）；

g——重力加速度（m/s^2）；

P——孔隙率（%）；

v——表层的水流流速（m/s）；

S——形状因子，对于球形颗粒等于 6，对于角砾等于 7.5，无量纲；

D——平均孔径（m）。

可以得到渗透系数公式：

$$k = \frac{P^3}{S^2 J (1 - P)^2} d^2 \frac{\rho g}{\mu} \tag{6.26}$$

式中　k——渗透系数（m/s）；

P——孔隙率（%）；

S——形状因子（无量纲）；

J——与层流有关的常数（无量纲）；

d——等效孔径（m）。

式（6.26）表明等效孔径对计算结果影响很大，因此需要研究等效孔径参数的标定，而等效孔径可以用骨料的等效粒径考虑折减系数来代替。在本研究采用的透水混凝土试件中，不同目标孔隙率的透水混凝土试件石子（粗骨料）均是5~10 mm粒径，用量也相同。在这里假设骨料的形状类似于球，在平面上的投影也就是圆。用ImageJ对100个石子颗粒进行处理，得到每个颗粒的面积，然后用圆的半径公式拟合，从而得到粒径分布曲线，计算得到平均粒径为7.86 mm，如图6.44所示。因为在制成的透水混凝土骨料表面包裹有水泥壳，所以要考虑水泥壳的厚度来计算骨料的平均粒径，水泥壳的厚度通过粒径放大系数来计算。

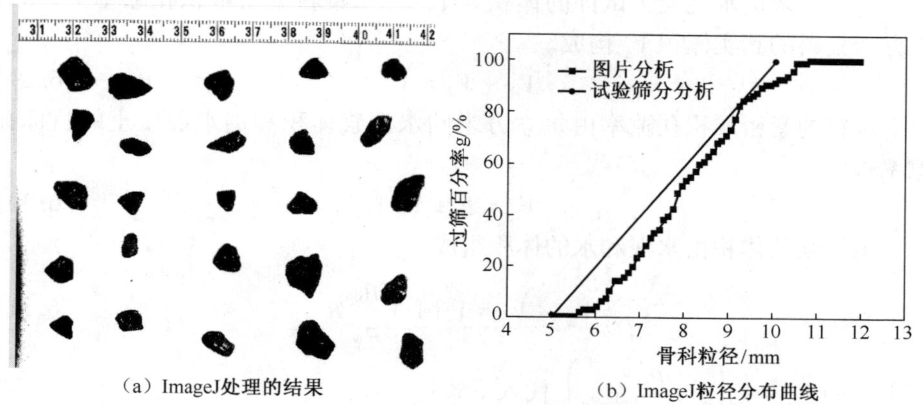

（a）ImageJ处理的结果　　（b）ImageJ粒径分布曲线

图6.43　骨料粒径级配曲线分析

接下来考虑粒径放大系数 r_d，$r_d = \sqrt[3]{r_v}$，因此需要先计算体积放大系数 r_v。体积放大系数与目标孔隙率 P 的关系：

$$r_v = \frac{V_p + V_a}{V_a} = \frac{1 - P}{\dfrac{m_a}{\rho_a}} \tag{6.27}$$

代入具体数值得：

$$r_v = \frac{1-P}{0.609} \tag{6.28}$$

表 6.16 展示了等效骨料粒径的计算过程，折减系数可以取 0.8~0.9 来计算等效孔径，在此取 0.85。

表 6.16 等效骨料粒径计算表

目标孔隙率（%）	体积扩大系数（%）	粒径扩大系数	等效骨料粒径（mm）	等效孔径（mm）
10	148	1.139	8.953	7.604
15	140	1.118	8.784	7.467
20	131	1.095	8.609	7.312
25	123	1.072	8.426	7.162

（2）骨灰比对渗流系数计算的影响。本研究所采用的体积法是指以原有粗骨料（集料）的紧密堆积孔隙率为基础，预先设计透水混凝土的目标孔隙率 P，然后确定水泥浆体体积 V_p，再根据水灰比 $R_{w/c}$ 计算得到水泥 m_c 和水 m_w 的质量。

每立方米透水混凝土试件的体积为 1，等于集料紧密堆积孔隙率 V_d 和每立方米集料的真实体积 V_a 构成。

$$V_d + V_a = 1 \tag{6.29}$$

集料的紧密堆积孔隙率由每立方米的水泥浆体积和透水混凝土的目标孔隙率构成。

$$V_d = P + V_p \tag{6.30}$$

水泥浆的体积由水泥和水的体积组成。

$$V_p = V_w + V_c = V_c\left(1 + \frac{\rho_c}{\rho_w} R_{w/c}\right) \tag{6.31}$$

将上式的 $V_p = V_c\left(1 + \frac{\rho_c}{\rho_w} R_{w/c}\right)$ 代入下式：

$$r_v = \frac{V_p + V_a}{V_a} = \frac{V_c\left(1 + \frac{\rho_c}{\rho_w} R_{w/c}\right)}{\frac{m_a}{\rho_a}} + 1 = \frac{\rho_a}{\rho_c R_{a/c}}\left(1 + \frac{\rho_c}{\rho_w} R_{w/c}\right) + 1 \tag{6.32}$$

可以得到：

$$r_v = 1 + 1.794/R_{a/c} \tag{6.33}$$

式中 P——目标孔隙率；

V_d——骨料紧密堆积孔隙率；

V_p ——每立方米透水水泥混凝土中水泥浆体的体积；

m_a ——骨料用量；

ρ_a ——骨料表观密度；

r_v ——骨料的体积膨胀系数；

$R_{a/c}$ ——集灰比。

形状因子对公式计算具有一定影响，由于真实的石子形状各种各样，需要定义形状因子 S 来描述。当石子形状为球时 S 基本值等于 6。因为透水混凝土的骨料形状相当于角砾，因此取值为 7.5。随着目标孔隙率增加，层流流速不断增加，透水混凝土内会从层流变成湍流流动。所以 J 值不断变大，假设在此研究中 J 在 6~16 范围内变化。而水灰比对透水混凝土渗流系数的影响不大，在试件制作中固定为 0.34。因此，当 J 和 S 的取值如表 6.17 所示时，渗流系数可以拟合得到合理值。

表 6.17　修正渗透系数公式及参数取值

目标孔隙率/%	J	S	等效孔径/mm	渗流系数/(m/s)
10	6	7.5	7.604	0.002
15	9	7.5	7.467	0.005
20	12	7.5	7.312	0.009
25	16	7.5	7.162	0.015

6.5　结论与展望

6.5.1　结论

透水混凝土的孔隙率是衡量其透水能力的关键指标之一，外界条件的改变会导致其透水能力不断下降尤其是孔隙堵塞后。如何评估透水混凝土的渗透能力以及抗堵塞能力对于维护透水混凝土路面的耐久性非常关键。本书利用 CT 扫描重构了透水混凝土的孔隙模型，再利用有限元软件划分网格，成功地对其进行了渗流模拟，得到与实际实验相一致的结论。成功的关键是将 CT 扫描的模型转化成数值模拟软件可以使用的网格。另外，本书结合 CFD 和 DEM 技术，研究了透水混凝土路面的堵塞过程，对多种外在条件如泥沙级配、渗流流速、孔隙率等进行了单独研究，揭露了孔隙堵塞机理。结果证明数值模拟手段能够用来验证透水混凝土的堵塞过程，为工程人员维护透水路面提供了一定的理论依据。基于以上研究又推导了适用于透水路面的渗透率模型公式，对预测透水混凝土的渗透能力具有一定的意义。

6.5.2 展望

CT 扫描技术可以用来研究透水混凝土路面材料的孔隙表征，也可以研究岩石、泥土等多孔介质材料的内部属性，使其成为一个常用的手段。并且可以利用 Matlab 编程开发有需求的表征手段，如曲折度等参数的标定。CT 扫描的模型结合有限元可以作渗流模拟，也可以作力学分析，这也可以多做有益的尝试。CFD-DEM 技术目前也有许多方式可以实现，这种先进的技术能够满足研究人员未来对于流固耦合研究的需求，可以进行深层次地开发，比如利用开源软件添加本构模型实现大变形的流固耦合模拟。这种技术也可以应用在更广泛的领域，如化学学科中的流化床模拟、岩土地质中的隧洞突水突泥、水利工程中的大坝的渗流管涌等。当涉及大变形的时候，可以采用 SPH-DEM 技术来解决。各种工程问题可以总结到理论上，如本书中的透水混凝土中渗透率模型、修正的 Kozeny-Carman 公式，然后再应用到工程中去，达到指导实践的目的。

参 考 文 献

[1] 黄建栋，赵方冉. 透水混凝土渗透衰减规律的试验研究 [J]. 混凝土，2014 (12)：69-72.

[2] Gaedicke C, Marines A, Miankodila F. Assessing the abrasion resistance of cores in virgin and recycled aggregate pervious concrete [J]. Constr. Build. Mater., 2014, 68: 701-708.

[3] Qin Y, Liang J, Yang H, et al. Gas permeability of pervious concrete and its implications on the application of pervious pavements [J]. Measurement, 2016, 78: 104-110.

[4] Zhong R, Wille K. Material design and characterization of high performance pervious concrete [J]. Constr Build Mater, 2015, 98: 51-60.

[5] 杨婷惠，苏有文，赵朴，等. 透水混凝土路面排水防涝设计 [J]. 中国科技信息，2015 (18)：88，90.

[6] 蒋正武，孙振平，王培铭. 若干因素对多孔透水混凝土性能的影响 [J]. 建筑材料学报，2005 (5)：513-519.

[7] Chung S, Han T, Kim S, et al. Investigation of the permeability of porous concrete reconstructed using probabilistic description methods [J]. Constr Build Mater, 2014, 66: 760-770.

[8] Kuang X, Sansalone J, Ying G, et al. Pore-structure models of hydraulic conductivity for

permeable pavement [J]. J. Hydrol, 2011, 399 (3-4): 148-157.

[9] 王刚，杨鑫祥，张孝强，等. 基于CT三维重建的煤层气非达西渗流数值模拟 [J]. 煤炭学报，2016 (4): 931-940.

[10] 张跃荣. 多孔透水砖渗流特性实验与模拟研究 [D]. 天津：河北工业大学，2015.

[11] Wang Z, Jing G, Yu Q, et al. Analysis of ballast direct shear tests by discrete element method under different normal stress [J]. Measurement, 2015, 63: 17-24.

[12] Hou Y. Coupled Navier-Stokes Phase-Field Model to Evaluate the microscopic phase separation in asphalt binder under thermal loading [J]. J. Mater. Civil Eng., 2016, 28 (10): 04016100.

[13] Tan S A, Fwa T F, Han C T. Clogging evaluation of permeable bases [J]. J. Transp Eng, 2003, 129 (3): 309-315.

[14] Zhang J, Cui X, Li L, et al. Sediment transport and pore clogging of a porous pavement under surface runoff [J]. Road Materials & Pavement Design, 2017 (4): 1-9.

[15] Lucke T, Beecham S. Field investigation of clogging in a permeable pavement system [J]. Building Research & Information, 2011, 39 (6): 603-615.

[16] Pezzaniti D, Beecham S, Kandasamy J. Influence of clogging on the effective life of permeable pavements. Proceedings of the Institution of Civil Engineers - Water Management, 2009, 162 (3): 211-220.

[17] Brown R A, Borst M. Assessment of clogging dynamics in permeable pavement systems with time domain reflectometers [J]. J. Environ. Eng., 2013, 139 (10): 1255-1265.

[18] Andrés-Valeri V, Marchioni M, Sañudo-Fontaneda L, et al. Laboratory assessment of the infiltration capacity reduction in clogged porous mixture surfaces [J]. Sustainability-Basel, 2016, 8 (8): 751.

[19] Kia A, Wong H S, Cheeseman C R. Clogging in permeable concrete: A review [J]. J. Environ. Manage., 2017, 193: 221-233.

[20] Razzaghmanesh M, Beecham S. A review of permeable pavement clogging investigations and recommended maintenance regimes [J]. Water-Sui, 2018, 10 (3): 337.

[21] Baladès J D, Legret M, Madiec H. Permeable pavements: Pollution management tools [J]. Water Science & Technology, 1995, 32 (1): 49-56.

[22] Kayhanian M, Anderson D, Harvey J T, et al. Permeability measurement and scan imaging to assess clogging of pervious concrete pavements in parking lots [J]. J. Environ. Manage., 2012, 95 (1): 114-123.

[23] Walsh S P, Rowe A, Guo Q. Laboratory scale study to quantify the effect of sediment accumulation on the hydraulic conductivity of pervious concrete [J]. Journal of Irrigation & Drainage Engineering, 2014, 140 (140): 1.

[24] Kandra H S, McCarthy D, Fletcher T D, et al. Assessment of clogging phenomena in granular filter media used for stormwater treatment [J]. J. Hydrol., 2014, 512: 518-527.

[25] Razzaghmanesh M, Borst M. Investigation clogging dynamic of permeable pavement systems

using embedded sensors [J]. J. Hydrol., 2018, 557: 887-896.

[26] Mata L A, Leming M L. Vertical distribution of sediments in pervious concrete pavement systems [J]. 2012, 109 (2): 149.

[27] Coughlin J P, Campbell C D, Mays D C. Infiltration and clogging by sand and clay in a pervious concrete pavement system [J]. J. Hydrol. Eng., 2012, 17 (1): 68-73.

[28] Deo O, Sumanasooriya M, Neithalath N. Permeability reduction in pervious concretes due to clogging: experiments and modeling [J]. J. Mater. Civil Eng., 2015, 22 (7): 741-751.

[29] Yong C F, Mccarthy D T, Deletic A. Predicting physical clogging of porous and permeable pavements [J]. J. Hydrol., 2013, 481 (481): 48-55.

[30] Bean E Z, Hunt W F, Bidelspach D A. Field survey of permeable pavement surface infiltration rates [J]. Journal of Irrigation & Drainage Engineering, 2007, 133 (3): 249-255.

[31] Haselbach L M, Valavala S, Montes F. Permeability predictions for sand-clogged Portland cement pervious concrete pavement systems [J]. J. Environ. Manage., 2006, 81 (1): 42-49.

[32] Mcdowell Boyer L M, Hunt J. R, Sitar N. Particle transport through porous media [J]. Water Resour. Res., 1986, 22 (13): 1901-1921.

[33] Tan S A, Fwa T F, Han C T. Clogging evaluation of permeable bases [J]. J. Transp. Eng., 2003, 129 (3): 309-315.

[34] Moghadasi J, Müller-Steinhagen H, Jamialahmadi M, et al. Theoretical and experimental study of particle movement and deposition in porous media during water injection [J]. J. Petrol. Sci. Eng., 2004, 43 (3-4): 163-181.

[35] Zheng X, Shan B, Chen L, et al. Attachment-detachment dynamics of suspended particle in porous media: Experiment and modeling [J]. J. Hydrol., 2014, 511: 199-204.

[36] Pieralisi R, Cavalaro S H P, Aguado A. Discrete element modelling of the fresh state behavior of pervious concrete [J]. Cement Concrete Res., 2016, 90: 6-18.

[37] Pieralisi R, Cavalaro S H P, Aguado A. Advanced numerical assessment of the permeability of pervious concrete [J]. Cement Concrete Res., 2017, 102: 149-160.

[38] Sansalone J, Kuang X, Ying G, et al. Filtration and clogging of permeable pavement loaded by urban drainage [J]. Water Res., 2012, 46 (20): 6763-6774.

[39] 马国栋. 透水路面渗流与堵塞数值模拟 [D]. 济南：山东大学，2019.

[40] Cui X, Zhang J, Huang D, et al. Experimental simulation of rapid clogging process of pervious concrete pavement caused by storm water runoff [J] . International Journal of Pavement Engineering, 2016: 1-9.

第7章 暴雨作用下透水混凝土路面快速堵塞试验模拟

在暴雨等极端条件下，雨洪径流会导致透水混凝土路面发生严重的第二类堵塞。2012年7月21日，北京遭遇61年来特大暴雨，城区最大降雨量达215 mm。暴雨引发山洪暴发和山体滑坡，大量粗细土粒被雨洪携带至道路表面。调查发现暴雨过后透水混凝土路面的堵塞特别严重。对极端气候引起的透水混凝土路面孔隙的致命性堵塞过程，目前还没有相关研究[1]。快速阻塞机制与缓慢阻塞过程有很大不同，本章将考虑路表径流的影响，研究极端气候引发的透水混凝土致命性的孔隙堵塞过程。研发一种渗透系数与电导率测试相结合的快速堵塞模拟系统，开展一系列室内模拟试验，研究透水混凝土孔隙率、泥沙颗粒尺寸、自由表面流深度及径流流速对透水混凝土路面渗透系数的影响，并基于测试结果建立透水混凝土路面快速堵塞模型。

7.1 孔隙堵塞实时模拟装置的研发

透水混凝土的孔隙堵塞通常表现为渗透系数的降低，现有的混凝土渗透系数测试装置不能连续测量堵塞过程中透水混凝土试件渗透系数的变化。为此研制了一种可以实时记录试件渗透系数连续变化的装置，其结构如图7.1所示。该装置的主要功能包括：①避免渗透试验中透水混凝土试件的侧壁渗漏；②在线连续记录渗透系数的变化过程；③同步监测堵塞过程中饱水试件电阻率的变化；④模拟透水混凝土路面的雨洪水平径流。

7.1.1 堵塞模拟过程中侧壁渗漏问题与改进方法

在现有透水混凝土渗透性的评价方法中，最大的缺陷是透水混凝土试件侧壁渗漏问题。与钻芯取样的试件不同（钻芯取样试件表面较光滑），在试验室用试模制备的透水混凝土试件表面粗糙，如图7.2所示。由于试模与透水

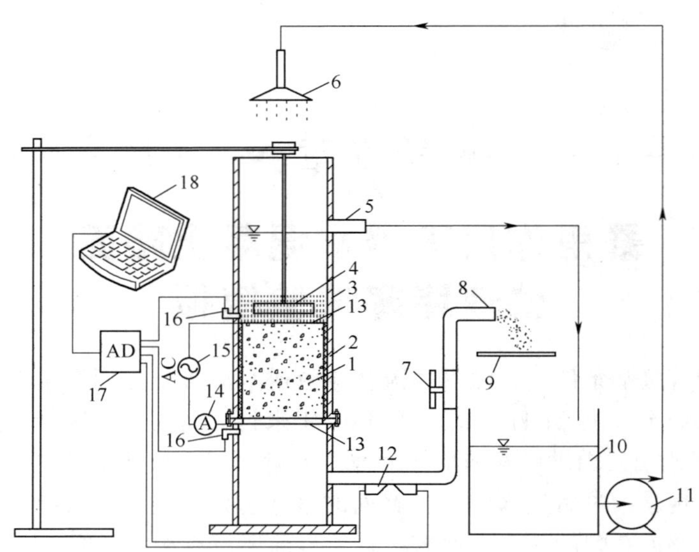

图 7.1 堵塞模拟系统结构示意图

1—透水混凝土试件；2—凡士林和橡胶垫；3—有机玻璃套筒；4—水平径流模拟部件（矩形叶片）；5—溢流口（高度可变）；6—喷水器；7—阀门；8—出水口；9—过滤器；10—储水器；11—水泵；12—超声波流量计；13—铁丝网；14—测流计；15—交流电电源；16—压力传感器；17—数据采集系统；18—计算机

混凝土粗骨料均为刚性材料，试件侧壁表面会形成大量开口孔隙，从而侧壁表面的孔隙率远大于试件内部平均孔隙率。在进行透水混凝土渗透性试验时，透水混凝土试件侧壁表面的开口孔隙与套筒侧壁贯通形成开放通道。渗透试验时，这些开放通道的阻力要比试件内部小得多，水更容易从开放通道流出，从而改变渗流路径，如图 5.1（a）所示。侧壁渗漏导致试验测得的渗透系数明显大于真实值。

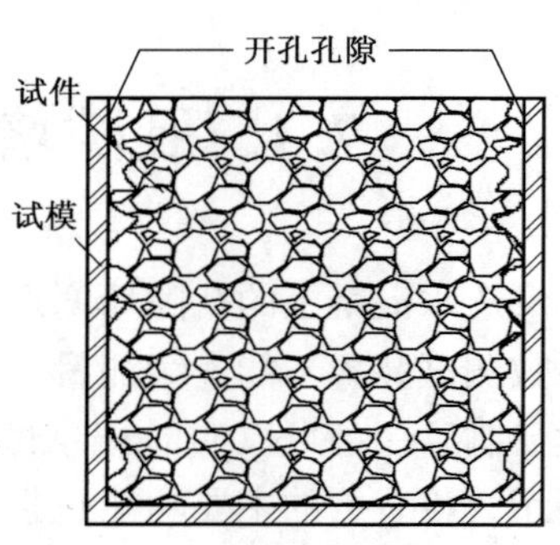

图 7.2 试验室试模制备的透水混凝土试件

为减小侧壁渗漏的影响，杨志峰[2]用凡士林将试件端部与套筒内壁接触处密封，如图 5.1 (b)所示。这样虽然在一定程度上减小了侧漏，但试件侧面的主体开放通道依然存在，水还是会经由试件侧壁流出到套筒底部，导致测试结果仍然比真实渗透系数大。

为了使试件内水的渗流路径达到图 5.1（c）所示理想状态，有学者在先前的研究中对透水混凝土渗透性测试方法进行了改进[3]，研发了一种防水涂抹（凡士林）-柔性橡胶垫-有机玻璃套筒组合的复合侧壁结构，如图7.3所示。在进行透水混凝土渗透性试验前，用凡士林涂抹试件侧壁表面密封开口孔隙，再套上柔性橡胶垫，安装在有机玻璃套筒内，拧紧装配螺栓，使试件与套筒间由刚性连接变为柔性连接，防止侧壁渗漏。这种复合侧壁结构（凡士林-橡胶垫-套筒）能够确保水按图5.1（c）所示的理想状态渗流。

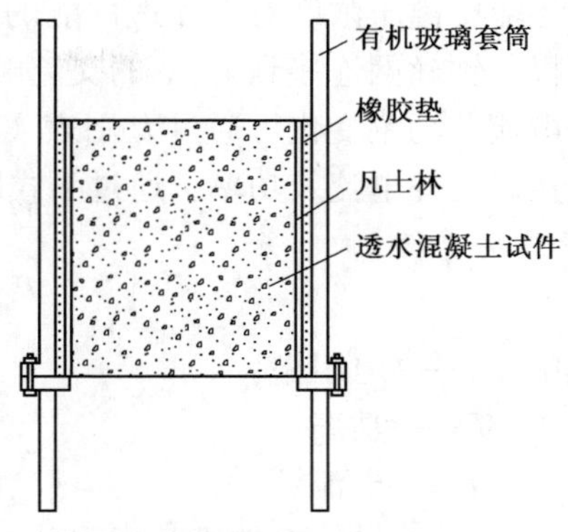

图7.3　复合侧壁结构示意图

7.1.2　堵塞过程中渗透系数变化的实时记录

为了连续实时地记录堵塞过程中渗透系数的变化，在试验装置上安装了两个电子水压力传感器和一个超声波流速传感器，所有传感器通过模数转换器与计算机连接。通过水压力传感器可测得试件上下表面的水头损失，同时通过超声波流速传感器可测出水管内水的流速。渗透系数由达西定律计算得

$$k = \frac{v_1}{i} = \frac{A_{ou}L}{A_{ef}\Delta h}v_2 \tag{7.1}$$

式中　k——渗透系数；

v_1——试件内水的平均流速，m/s；

i——水头梯度；

v_2——出水管内水的流速，m/s；

Δh——水头损失；

A_{ef}——试件有效截面积，m^2，其计算参照文献［3］；

A_{ou}——出水管的内截面积，m^2；

L——试件长度，m。

7.1.3　堵塞过程中电阻率变化的实时记录

电阻率已被成功应用于表征土、岩石或混凝土的孔隙率[4-7]。本书通过引入电阻率，与渗透系数变化一起表征透水混凝土的堵塞过程。

为了使饱水透水混凝土试件内形成电路，在堵塞模拟系统中采用10%食盐水（密度为1.070 g/cm^3）作为循环水，在式（7.1）中的水头损失计算中水的密度取盐水密度。本书重点集中在毫米（mm）级沙子颗粒，所以可以忽

略渗流中离子浓度对于渗透性能的影响[8]。在试件两端各设置一铁丝网作为电极，铁丝网连接到12 V的交流电源。在进行堵塞试验时，透水混凝土试件的电流及功率变化可通过万用表实时测得，万用表通过模数转换器与计算机连接。已知电流及功率，通过下式即可得到透水混凝土试件的电阻率

$$\rho = \frac{W}{I^2} \cdot \frac{A_{ef}}{L} \tag{7.2}$$

式中 ρ——电阻率；

W——功率；

I——电流；

A_{ef}——试件有效横截面积；

L——试件长度。

7.1.4 雨洪径流模拟

试验中水经水泵提升通过喷头均匀地喷洒于试件上方，用于模拟降水造成的路面积水。水深是用模拟暴雨径流水深，每一次模拟试验中水的深度保持恒定。用一个由微型电机带动可转动叶片来形成水平径流。叶片由一块长方形金属薄板制作而成，长60 mm，高15 mm，叶片底部距试件上表面10 mm，如图7.1所示。

7.2 试验材料、试验过程和试验方案

7.2.1 试验材料

1. 透水混凝土

透水混凝土采用普通硅酸盐水泥。粗骨料为4.75~9.5 mm的石灰岩碎石，其物理指标如表7.1所列。减水剂为氨基磺酸盐，是高效减水剂，其用量由水泥净浆流动度试验确定。

表7.1 粗骨料物理指标

粒径/mm	表观密度/(g·cm^3)	堆积密度/(g·cm^3)	孔隙率/%	压碎值/%
4.75~9.50	2.665	1.655	37.89	8.6

每立方米透水混凝土所需要粗骨料的质量由紧密堆积密度确定，考虑实际情况乘以折减系数 0.98，水灰比为 0.36，根据透水混凝土设计要求的孔隙率，水泥质量 m_c 和水的质量 m_w 可按下式计算（以每立方米透水混凝土计算）：

$$\frac{m_c}{\rho_c} + \frac{m_w}{\rho_w} + P = V \tag{7.3}$$

$$m_c = (V - P)\frac{\rho_c \rho_w}{\rho_w + \rho_c R_{w/c}} \tag{7.4}$$

$$m_w = m_c R_{w/c} \tag{7.5}$$

式中　m_c、m_w——每立方米透水混凝土所需水泥和水的质量，kg；

ρ_c、ρ_w——水泥和水的密度，kg/m^3；

P——目标孔隙率；

V——粗骨料在紧密堆积状态下的空隙率；

$R_{w/c}$——初始水灰比。

试验中目标孔隙率分别取 15%、20% 和 25%，每立方米透水混凝土配合比见表 7.2。

表 7.2　每立方米透水混凝土配合比

目标孔隙率/%	水泥的密度 /(kg · m^3)	水的密度 /(kg · m^3)	粗骨料密度 /(kg · m^3)	减水剂 /%
15	335	121	—	—
20	262	94	1 622	0.8
25	189	68	—	—

透水混凝土混合料用实验室搅拌机拌和，均匀混合后装入尺寸为 100 mm×100 mm 的圆柱形试模内，24 h 后拆模，置于标准养护室养护 7 d。为避免试件顶面和底面的粗糙表面对渗透性试验的影响，切除试件顶部和底部 5 mm 厚的端面。

2. 堵塞材料

本书将筛分后的河砂作为堵塞材料进行试验研究。将河砂通过筛分法筛分为细砂、粗砂和全级配砂，细砂粒径范围为 0.15~0.6 mm，粗砂粒径范围为 0.6~2.36 mm，全级配砂粒径范围为 0.15~2.36 mm。3 种不同粒组砂级配见表 7.3。

表 7.3 堵塞材料级配

粒　组	细砂/%	粗砂/%	全级配砂/%
1.18~2.36 mm	0	45.8	32.4
0.6~1.18 mm	0	54.2	38.2
0.3~0.6 mm	77.6	0	22.8
0.15~0.3 mm	22.4	0	6.6

7.2.2 试验过程

利用本书研发的模拟装置，透水混凝土的堵塞试验按照以下步骤进行。

（1）试验前，试件在 10%NaCl 溶液中浸泡 24 h 后取出，擦干表面的水，在侧面涂抹凡士林并套上柔性橡胶垫，将试件安装在有机玻璃套筒中，并拧紧固定螺栓。

（2）关闭阀门 7（图 7.1），打开水泵，水流（即 NaCl 溶液）均匀喷洒到有机玻璃套筒中。当水深达到要求深度，且试件无气泡出现时，打开水龙头 7。定水头作用会产生一个稳定流，然后进行饱和试件的电流、功率、水头压力、流速的测量。

（3）渗透系数基本稳定后，在 30 s 内均匀加入 50 g 堵塞材料（砂粒），并记录加砂开始和结束的时刻。随后渗透试验持续进行直至渗透系数变化缓慢趋于稳定。

（4）试验结束后，取出试件，并将散落于套筒内及试件上表面孔隙以外的砂粒收集起来，洗净烘干称重并筛分。

7.2.3 试验方案

试验方案见表 7.4。为研究路面雨水径流深度对孔隙堵塞的影响，共设置了 3 个不同高度的水头，分别距试件上表面 100 mm、150 mm 和 200 mm。为研究不同速度的水平径流对孔隙堵塞的影响，在试件上表面利用叶片提供水平旋转扰动，共设置了 3 个不同的转速，分别为 5 r/min（低转速，相当于最大径流流速为 0.016 m/s，平均径流流速为 0.008 m/s）、30 r/min（中转速，相当于最大径流流速为 0.094 m/s，平均径流流速为 0.047 m/s）和 90 r/min（高转速，相当于最大径流流速为 0.283 m/s，平均径流流速为 0.141 m/s）。用 3 种堵塞材料（细砂、粗砂和全级配砂）来评估材料粒径对堵塞的影响。

表 7.4　试验方案

方案	透水混凝土孔隙率/%	水深/mm	砂粒	叶片转速
1	15	100	细砂	低
2	20	100	细砂	低
3	25	100	细砂	低
4	20	150	细砂	低
5	20	200	细砂	低
6	20	100	粗砂	低
7	20	100	全级配砂	低
8	20	100	细砂	中
9	20	100	细砂	高

7.3　试验结果与分析

取投砂之前 2 min 内的试件渗透系数的平均值作为透水混凝土的初始渗透系数，然后将堵塞过程中的渗透系数除以初始渗透系数得到归一化的渗透系数。同样地，可以得到初始的和归一化后的电阻率值。

7.3.1　透水混凝土堵塞过程分析

为了研究透水混凝土的堵塞过程，对其渗透系数和电阻率时程曲线特性进行了分析。

在所有试验工况中，渗透系数有相似的变化趋势。以表 7.4 中试验方案 1 为例，渗透系数的时程曲线特性如图 7.4 所示，可见，在加砂后透水混凝土渗透系数先是快速降低（第 1 阶段），而后略有回升（第 2 阶段），继而缓慢下降，最终趋于稳定（第 3 阶段）。渗透系数时程曲线上存在两个特征时刻：t_{1-2}和 t_{2-3}。t_{1-2}是第 1 阶段和第 2 阶段的交叉点对应的时刻，意味着此时进入试件内的较细砂粒开始从试件底部流走；t_{2-3}是第 2 阶段和第 3 阶段的交叉点对应的时刻，意味着此时从试件底部流走的细颗粒已经非常少。

能够穿越试件内孔隙的细砂粒在渗透力的作用下运动，运动速度 v_s 可由试件长度除以 t_{1-2} 估算得出。如图 7.4 所示，对于工况 1，$t_{1-2}=240$ s，对应穿越速度 $v_s=0.38$ mm/s。在加砂前，试件内部水流的平均速度为 2.71 mm/s，这意味着由于砂粒在穿越过程中受到透水混凝土内部狭窄孔隙结构的阻碍，沙子运动速度要比流体流动速度小得多。

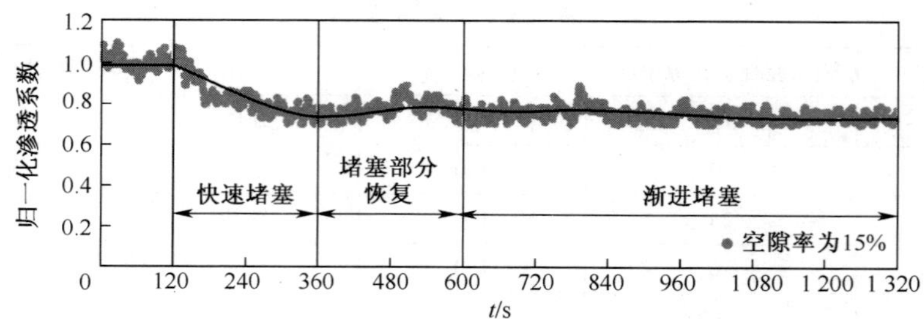

图 7.4　孔隙堵塞过程中渗透系数的时程曲线特征

由试验结果发现，电阻率与渗透系数随时间有着相反的规律。图 7.5 所示为方案 1 对应的归一化电阻率时程曲线。可见，透水混凝土在加砂后经历了电阻率的快速升高，而后略有回落，继而缓慢升高，最终趋于稳定的过程。透水混凝土孔隙的堵塞部分阻塞了试件中 NaCl 溶液的通路，在引起渗透系数减小的同时，也导致电阻率的增大。

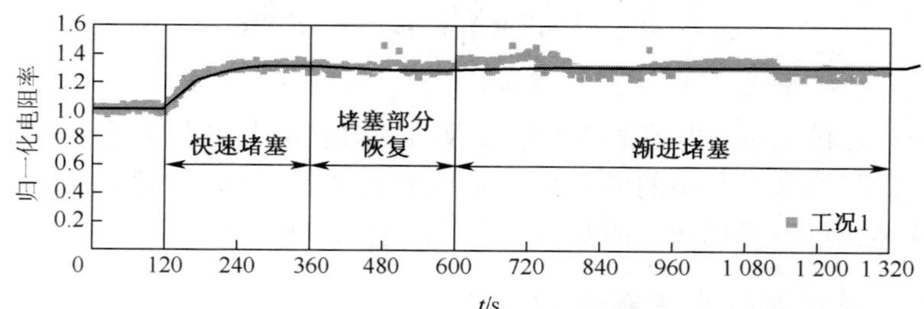

图 7.5　孔隙堵塞过程中电阻率的时程曲线特征

7.3.2　归一化渗透系数和电导率的关系

由前面分析可知，在透水混凝土孔隙阻塞过程中电阻率与渗透系数随时间呈现相反的变化规律，若将归一化电阻率取倒数可得到归一化电导率，因此可以得到归一化渗透系数和电导率的关系。如图 7.6 所示，堵塞过程中归一

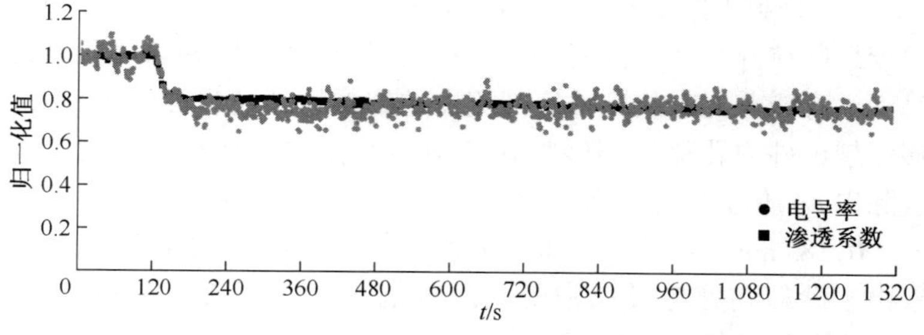

图 7.6　归一化电导率和渗透系数时程曲线（以工况 2 为例）

化电导率和渗透系数变化过程基本吻合。与渗透系数的测试相比，电阻率测量更加简便，所以可以采用测量电阻率的方法得到透水混凝土的渗透系数。

为进一步分析两者的关系，取投砂后 16~20 min 内试件归一化渗透系数平均值作为堵塞后的归一化渗透系数。同样的方法可以得到堵塞后的归一化电导率。图 7.7 所示为所有试验工况归一化渗透系数和电导率的平均值关系曲线，可见二者基本吻合。

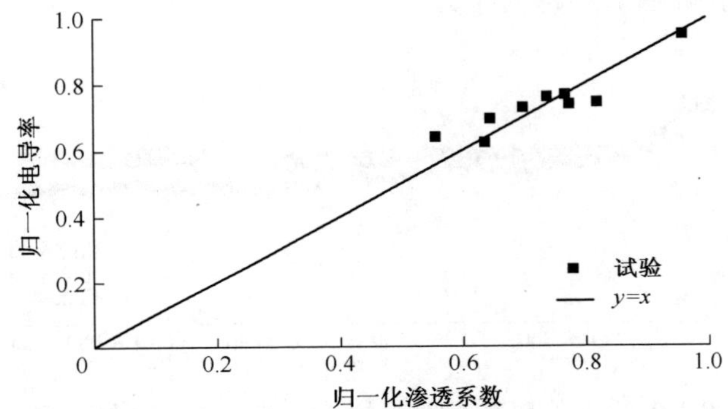

图 7.7　投砂 16~20 min 后归一化渗透系数和归一化电导率的平均值关系曲线

7.3.3　透水混凝土孔隙率对堵塞的影响

试验中改变透水混凝土孔隙率（表 7.4 中方案 1、2 和 3），研究孔隙率对堵塞过程的影响。试验中透水混凝土孔隙率分别为 15%、20% 和 25%，堵塞材料为细砂（表 7.3）。图 7.8 和图 7.9 所示分别为不同孔隙率透水混凝土归一化渗透系数和电导率的时程曲线。对 15% 和 25% 孔隙率的透水混凝土，投砂 20 min 后，渗透系数分别成为初始值的 0.74 和 0.64 倍左右，电导率分别成为初始值的 0.76 和 0.62 倍左右。

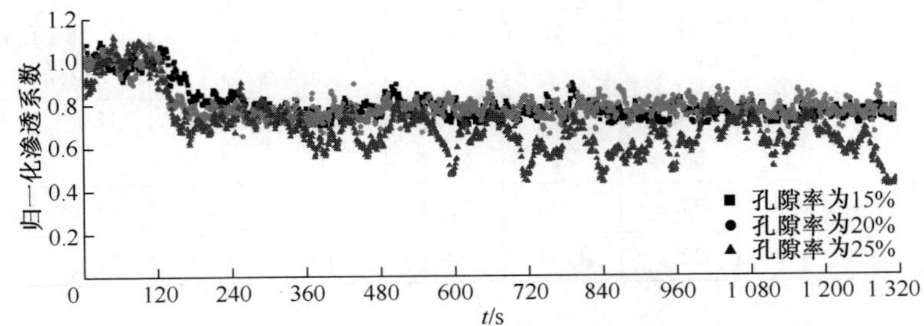

图 7.8　不同孔隙率透水混凝土归一化渗透系数的时程曲线

可见，孔隙率越大，透水混凝土越易堵塞。这是由于孔隙率较大时，孔隙尺寸和渗流流速也较大，更多的颗粒随渗流进入到试件的孔隙内，从而增大砂粒堵塞于孔隙通道较细部位的可能性。同时发现，孔隙率越大，细砂颗粒在试件内的穿越时间越短。这是因为孔隙率越大，透水混凝土连通通道的曲率越小，而且通道有效直径越大，使得阻力越小。另外，由图7.8还可见，对于孔隙率较大的试件（如孔隙率为25%），堵塞后的渗透系数有较大波动，这可能是由于堵塞于孔隙中的颗粒在水流的作用下发生了再次启动的现象，并通过连通的孔隙通道穿越试件。

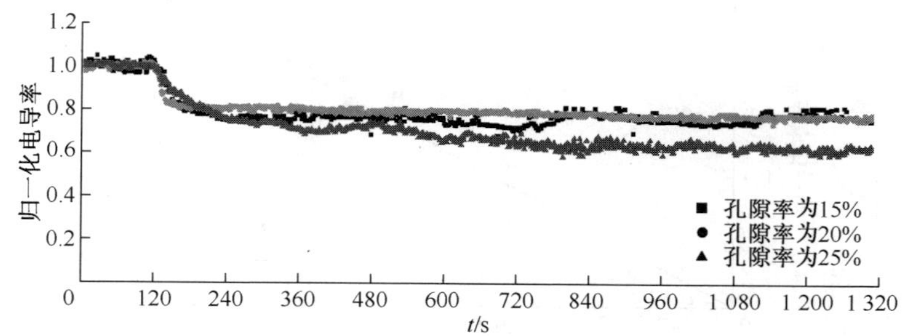

图7.9 不同孔隙率透水混凝土归一化电导率的时程曲线

试验结束后，将试件表面的砂粒收集、烘干并筛分，试验前后砂粒粒径分布的变化见表7.5。可见，随着孔隙率的增大，滞留于试件表面的颗粒总质量减少。这是因为孔隙率越大，试件所能容纳的颗粒数量也就越多。另外，随着孔隙率的增大，滞留于试件表面的砂粒中0.3~0.6 mm粒组含量在减小，而0.15~0.3 mm粒组含量在增加。这说明在孔隙率越大的试件中，较大的颗粒越易发生堵塞，而较小的颗粒则不会。根据Deo等人[9]的研究，存在一个孔隙大小与粒径的比例范围，在这个范围内，渗透率将降到最低值。

表7.5 不同孔隙率情形下试验前后砂粒粒径分布的变化

粒组	加入的砂粒		滞留于试件表面及通过试件的砂粒					
			15%孔隙率（工况1）		20%孔隙率（工况2）		25%孔隙率（工况3）	
	质量/g	百分含量/%	质量/g	百分含量/%	质量/g	百分含量/%	质量/g	百分含量/%
0.3~0.6 mm	38.8	77.6	33.6	75.3	31.6	74.9	18.0	74.7
0.15~0.3 mm	11.2	22.4	11.0	24.7	10.6	25.1	6.1	25.3

7.3.4 雨洪径流深度对透水混凝土堵塞的影响

试验中改变水头高度（表7.4中方案2、4和5），研究水头高度对透水混凝土堵塞过程的影响。试验中水头高度分别为 100 mm、150 mm 和 200 mm，堵塞材料为细砂（见表 7.3）。图 7.10 和图 7.11 所示分别为不同水头高度下透水混凝土归一化渗透系数和电导率的时程曲线。在 100 mm、150 mm 和 200 mm 水头高度下，投砂 20 min 后，渗透系数分别成为初始值的 0.77、0.65 和 0.56 倍左右，电导率分别成为初始值的 0.77、0.70 和 0.64 倍左右。可见，水头高度越大，透水混凝土越易堵塞。这是由于水头高度较大，渗流速度也较大，更多的颗粒会随着水流进入到试件的孔隙内，增大了孔隙堵塞的可能性。说明路面水平径流越深，透水混凝土路面越容易堵塞。

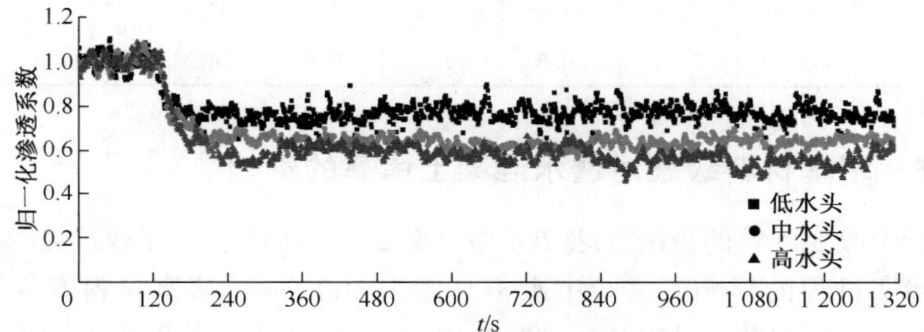

图 7.10　不同水头高度下透水混凝土归一化渗透系数的时程曲线

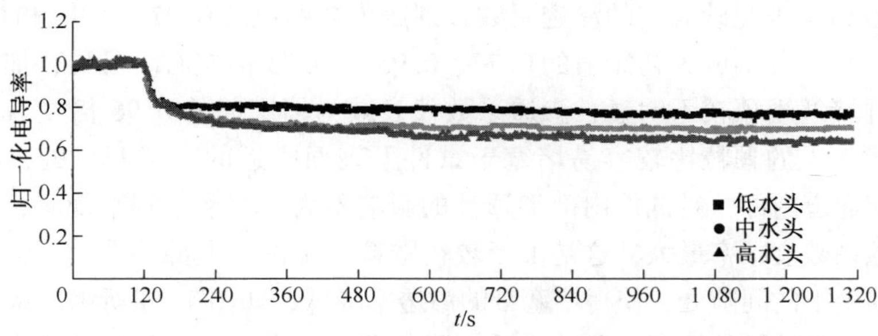

图 7.11　不同水头高度下透水混凝土归一化电导率的时程曲线

同时发现，水头高度越大，砂粒在试件内的输运时间越短。对 100 mm、150 mm 和 200 mm 的水头高度，砂粒在试件内的最大输运时间分别是 360 s、280 s 和 210 s。这是因为水头高度越大，渗流速度也就越大，作用在砂粒上的渗透力随之增大，颗粒的输运时间也就随之减少。

表 7.6 所列为不同水头高度情形下试验前后砂粒粒径分布的变化。可见，随着水头高度的增大，投砂 20 min 后滞留于试件表面的颗粒总质量减少，而且 0.3~0.6 mm 粒组含量在增加，而 0.15~0.3 mm 粒组含量在减少。这是因为当水头高度小时，粗颗粒容易堵塞通道入口附近，阻碍了细颗粒通过；但当水头高度大时，在较大渗透力作用下临时堵塞于入口处的粗颗粒容易重新

移动。由表 7.6 可见，当水头高度为 200 mm 时，滞留于试件表面的砂粒各粒组含量与试验前基本相同。

表 7.6 不同水头高度情形下试验前后砂粒粒径分布的变化

粒组	加入的砂粒		滞留于试件表面及通过试件的砂粒					
			100 mm 水头高度（工况 2）		150 mm 水头高度（工况 4）		200 mm 水头高度（工况 5）	
	质量/g	百分含量/%	质量/g	百分含量/%	质量/g	百分含量/%	质量/g	百分含量/%
0.3~0.6 mm	38.8	77.6	31.6	74.9	29.7	75.7	27.4	77.2
0.15~0.3 mm	11.2	22.4	10.6	25.1	9.5	24.3	8.1	22.8

7.3.5 堵塞材料级配对透水混凝土堵塞的影响

试验中改变砂粒的级配（表 7.4 中方案 2、6 和 7），研究砂粒级配对透水混凝土堵塞过程的影响。试验中水头高度为 100 mm，堵塞材料有 3 种：细砂、粗砂和全级配砂，见表 7.3。图 7.12 和图 7.13 所示分别为不同砂粒颗粒级配下透水混凝土归一化渗透系数和电导率的时程曲线。投砂 20 min 后，细砂、粗砂和全级配砂对应的渗透系数分别成为初始值的 0.77、0.96 和 0.70 倍左右，电导率分别成为初始值的 0.77、0.95 和 0.73 倍左右。可见，加入粗颗粒的试件堵塞现象较不明显，渗透系数仅衰减为堵塞前的 0.96 倍左右，这是因为粒径较大的颗粒比较容易堵塞于试件上表面附近的孔隙开口处，而很难进入孔隙通道内部，对试件内部渗透性的影响不大。堵塞达到平衡时，全级配砂的渗透系数衰减率最大，这是由于较粗颗粒堵塞试件上部的孔隙后，较细的颗粒卡在余下的间隙处，使得堵塞带的渗透率降低，如图 7.14 所示。从图 7.12 可以看出，细砂颗粒堵塞造成的渗透率降低程度与全级配砂颗粒堵塞相似。这是由于细砂能较容易进入试件内部孔隙结构中，卡在孔隙的“咽喉”处。

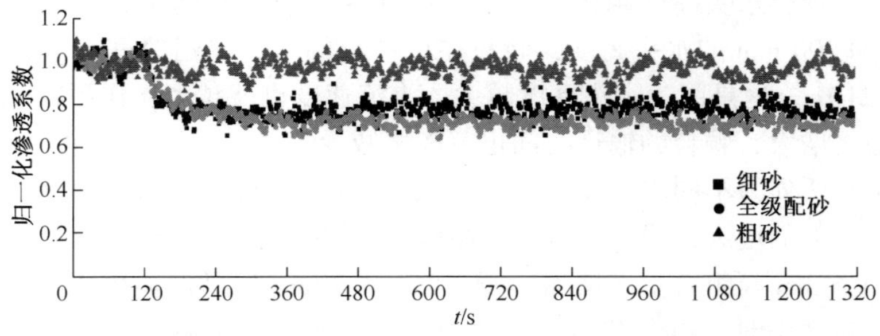

图 7.12 不同砂粒颗粒级配下透水混凝土归一化渗透系数的时程曲线

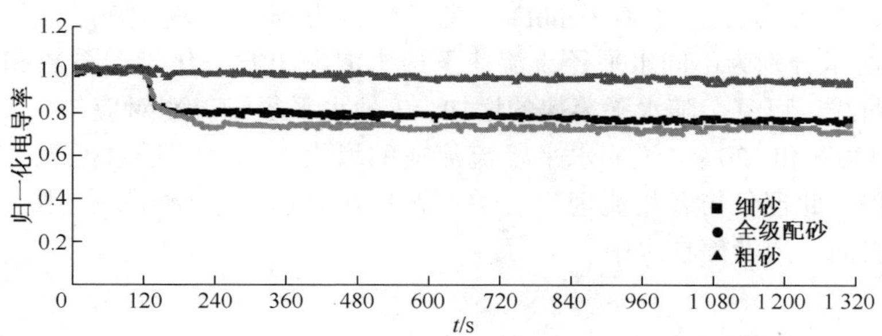

图 7.13　不同砂粒颗粒级配下透水混凝土归一化电导率的时程曲线

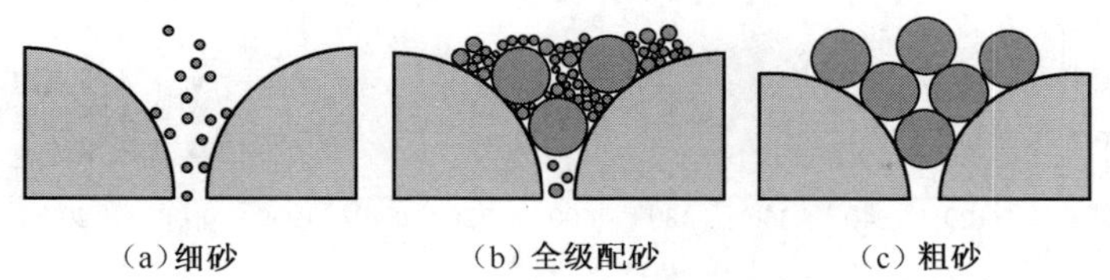

图 7.14　不同砂粒颗粒级配下透水混凝土堵塞原理示意图

图 7.13 显示了砂粒颗粒级配对试件电导率的影响，从图中可看出，加入粗砂颗粒的试件堵塞现象不明显，电导率只有很微小的增加；而堵塞达到稳定时全级配砂的电导率衰减最大，这与渗透系数变化的规律相似。

表 7.7 所列为不同砂粒级配情形下砂粒组分含量的变化。从表中可看出，加入全级配砂的试件内部堵塞最严重，而加入粗砂的试件内部堵塞最轻微，这是由于试件孔隙尺寸与砂粒尺寸的比例小于最易发生堵塞的最低比例。

表 7.7　不同砂粒级配情形下砂粒组分含量的变化

粒　组	细砂（工况 2）				全级配砂（工况 9）				粗砂（工况 8）			
	加入的砂粒		滞留的砂粒		加入的砂粒		滞留的砂粒		加入的砂粒		滞留的砂粒	
	质量/g	百分含量/%	质量/g	百分含量/%	质量/g	百分含量/%	质量/g	百分含量/%	质量/g	百分含量/%	质量/g	百分含量/%
1.18~2.36 mm	0	0	0	0	16.2	32.4	15.4	40.8	22.9	45.8	21.9	53.9
0.6~1.18 mm	0	0	0	0	19.1	38.2	13.2	35.0	27.1	54.2	25.6	46.1
0.3~0.6 mm	38.8	77.6	31.6	74.9	11.4	22.8	6.6	17.5	0	0	0	0
0.15~0.3 mm	11.2	22.4	10.6	25.1	3.3	6.6	2.5	6.6	0	0	0	0

7.3.6　水平径流流速对透水混凝土堵塞的影响

试验中改变叶片的转速（表 7.4 中方案 2、8 和 9），研究径流流速对透水混凝土堵塞过程的影响。试验中转速分别为低转速（5 r/min）、中转速

(30 r/min) 和高转速 (90 r/min)，堵塞材料为细砂（表 7.3）。图 7.15 和图 7.16所示分别为不同水平径流流速下透水混凝土归一化渗透系数和电导率的时程曲线。可见，随水平流速的增加，3 种水平径流流速对应的 t_{1-2}分别为 120 s、480 s 和 720 s。说明水平径流流速的增大，延缓了透水混凝土堵塞的发展历程。此现象与多相流理论有关，颗粒在高速水平径流的作用下易于留在试件表面，或者停在水中。

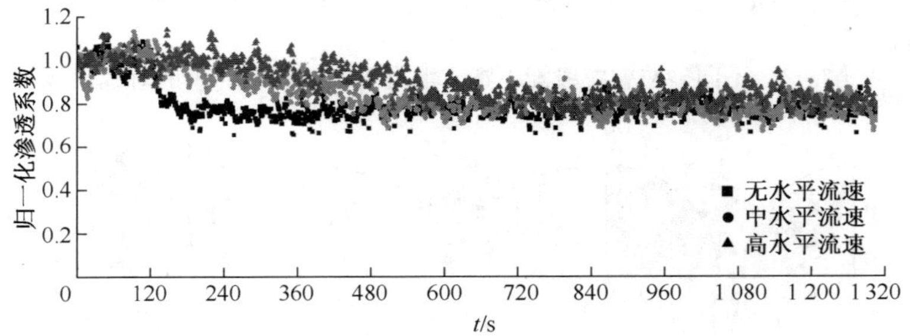

图 7.15 不同水平径流流速下透水混凝土归一化渗透系数的时程曲线

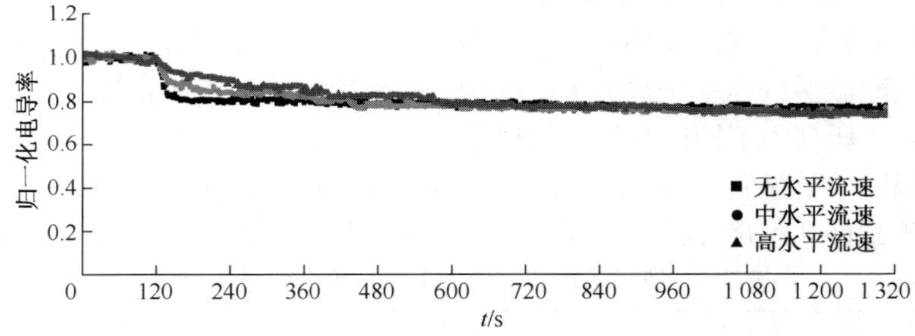

图 7.16 不同水平径流流速下透水混凝土归一化电导率的时程曲线

在试验 20 min 后，不同水平径流速度下试件的渗透系数和电导率均较为相似。投砂 20 min 后，渗透系数分别成为初始值的 0.77、0.78 和 0.82 倍左右，电导率分别成为初始值的 0.77、0.83 和 0.80 倍左右。可见，不同水平径流流速下堵塞稳定后的渗透系数大致相等。这是因为当水中颗粒落回到试件表面附近水平流速较低的区域时，颗粒动能减少，其中细砂颗粒最终在渗流的作用下进入试件内部。说明水平径流流速只能延缓透水混凝土堵塞的发展历程，但不能显著影响最终堵塞的程度。

表 7.8 所列为试验前后不同水平径流流速情形下试件表面上砂粒组分含量的变化。由表可看出，随着试件上表面水平径流流速的升高，堵塞于试件中的颗粒总质量基本保持不变，分别为 42.2 g、41.4 g 和 41.9 g。还可得出，

随着水平径流流速的增加，滞留在试件外部细砂颗粒的质量百分含量会有所增加，这可能是因为细砂颗粒被水流携带并在试件上方悬浮，而粗砂颗粒则只能在试件上滚动，一旦有孔隙开口便跌落进去并卡在其中。诚然，若时间足够长，如前所述，越多的细砂颗粒会摆脱水平径流的控制逐渐进入试件内部。

表 7.8　不同水平径流流速情形下试件表面上砂粒组分含量的变化

粒　组	加入的砂粒		滞留的砂粒					
			低水平径流流速（工况 2）		中水平径流流速（工况 8）		高水平径流流速（工况 9）	
	质量/g	百分含量/%	质量/g	百分含量/%	质量/g	百分含量/%	质量/g	百分含量/%
0.3~0.6 mm	38.8	77.6	31.6	74.9	30.7	74.2	31.0	74.0
0.15~0.3 mm	11.2	22.4	10.6	25.1	10.7	25.8	10.9	26.0

7.3.7　透水混凝土的快速堵塞模型

透水混凝土快速堵塞过程与缓慢（周期性的）堵塞有很大不同，目前透水混凝土的快速堵塞问题很少有人研究。本书在试验结果的基础上，建立了水平径流下的透水混凝土快速堵塞模型。

经验公式的推导以柯兹尼-卡曼方程为基础，预测了由于透水混凝土堵塞引起的渗透系数的降低。一些研究者在其他类似现象的研究中都用到了这一方程。例如，Blazejeski 和 Sadzide[10] 用柯兹尼-卡曼方程研究了孔隙率下降对砂土渗透性的影响；在研究沉淀物对碎石渗透性的影响时，Wu 和 Huang[11] 以柯兹尼-卡曼方程为基础推导了理论模型；为预测透水碎石基层渗透性的降低，Tan 等[12] 从柯兹尼-卡曼方程得到了经验-理论公式。

柯兹尼-卡曼方程可以用来描述堵塞引起的渗透率的降低，渗透率为初始渗透率、孔隙率和堵塞材料比沉积率的函数，即

$$\kappa = \kappa_0 \frac{(1-P)^2}{P^3} \frac{(P-\alpha\sigma)^3}{[1-(P-\alpha\sigma)]^2} \tag{7.6}$$

式中　κ——已发生堵塞透水混凝土试件的渗透率；

κ_0——试件初始渗透率；

P——试件孔隙率；

σ——比沉积率，即沉积物的体积除以透水混凝土试件总体积；

α——经验系数。

式（7.6）是在 Wu 和 Huang[11] 模型基础上做了改进，Tan 等[12] 用此公式对路面透水碎石基层渗透性的降低进行了预测。公式中 α 值表示渗透性下降的比例，α 值越高，说明渗透性下降越快。因此，为比较堵塞效果，α 值可作为评估渗透性下降快慢的一个指标，只有在堵塞颗粒能够完全充满试件内部全部孔隙的情况下，α 取 1。

系数 α 的值可以通过式（7.6）得到。表 7.9 中列出了不同堵塞试验工况下系数 α 的值。

表 7.9 不同堵塞试验工况下系数 α 的值

工况	系数 α	孔隙率 P	相对径流深度 H	水平径流-雷诺数 Re	骨料-堵塞材料尺寸比 R_s	堵塞材料不均匀系数 C_u
1	2.51	0.15	1.11	800	14.73	1.73
2	2.89	0.2	1.11	800	14.43	1.73
3	2.97	0.25	1.11	800	14.13	1.73
4	4.03	0.2	1.67	800	14.43	1.73
5	4.04	0.2	2.22	800	14.43	1.73
6	1.6	0.2	1.11	800	3.87	1.52
7	2.93	0.2	1.11	800	3.88	2.80
8	3.02	0.2	1.11	4 700	14.43	1.73
9	2.53	0.2	1.11	14 100	14.43	1.73

从表 7.9 可以看出，在堵塞试验结束时，α 的值在 1.6~4.1 范围内。Wu 和 Huang[11] 指出在碎石中砂粒的沉积类型由碎石-砂粒粒径比和渗流流量决定。其中碎石-砂粒粒径比为 $R_s = D_{15}/d_{85}$（D_{15} 为碎石的等效粒径，d_{85} 为砂粒的等效粒径）。但是在本书中，透水混凝土骨料（碎石）被水泥水化产物覆盖，固体颗粒尺寸有所“增加”，骨料间的部分空隙被填充，会影响渗流和堵塞过程，因此要考虑固体颗粒体积增加的情况。透水混凝土试件固体颗粒间的体积包括骨料的体积和水泥水化产物覆盖层的体积。水泥水化产物引起的骨料体积膨胀率可由透水混凝土固体体积除以骨料体积得到。

$$R_V = \frac{1 - P}{V_a} = \frac{(1 - P)\rho_a}{m_a} \tag{7.7}$$

式中 R_V——体积膨胀率，如果骨料上没有水泥水化产物覆盖层，则 R_V 取 1；

V_a——每立方米混凝土中骨料的体积；

m_a——每立方米混凝土中骨料的质量；

ρ_a——骨料的密度；

P——透水混凝土的孔隙率。

进一步可得到骨料等效粒径的膨胀率为

$$R_d = \sqrt[3]{R_V} \tag{7.8}$$

透水混凝土中固体颗粒（有水泥水化产物覆盖层的骨料）的等效特征尺寸见表 7.10。堵塞材料的特征尺寸见表 7.11。得到透水混凝土中固体颗粒的等效粒径 D_{15} 及堵塞材料的等效粒径 d_{85} 后，修正后可以算出骨料-堵塞材料尺寸比 R_s，结果见表 7.9。

表 7.10　透水混凝土中固体颗粒的等效特征尺寸

P/%	R_V	R_d	D_{10}/mm	D_{15}/mm	D_{60}/mm	D_{85}/mm
15	1.40	1.12	7.93	8.25	10.38	11.58
20	1.31	1.10	7.77	8.08	10.17	11.35
25	1.23	1.07	7.60	7.91	9.96	11.11

表 7.11　堵塞材料的特征尺寸

堵塞材料	d_{10}/mm	d_{15}/mm	d_{60}/mm	d_{85}/mm	C_u
细砂	0.29	0.32	0.50	0.56	1.73
粗砂	1.18	1.25	1.79	2.09	1.52
全级配砂	0.61	0.73	1.70	2.08	2.80

为建立不同试验条件下 α 的预测模型，用 5 个无量纲变量来代表影响因子，包括透水混凝土孔隙率 P、相对径流深度 H=径流深度/透水混凝土试件高度、水平径流雷诺数 Re、覆盖有水泥水化产物的骨料-堵塞材料尺寸比 R_s，以及堵塞材料不均匀系数 C_u。

水平径流的雷诺数 Re 可以通过下式计算得到：

$$Re = \frac{v_h D}{\nu} \tag{7.9}$$

式中　v_h——水平径流的流速；

D——试件的直径；

ν——水的运动黏度。

表 7.9 中列出了 5 个无量纲变量值。通过回归分析法，系数 α 与这 5 个无量纲变量之间的关系如式（7.10）所示（$r^2=0.991$，r 为相关系数）。

图 7.17表明建立的回归方程具有较好的拟合效果。

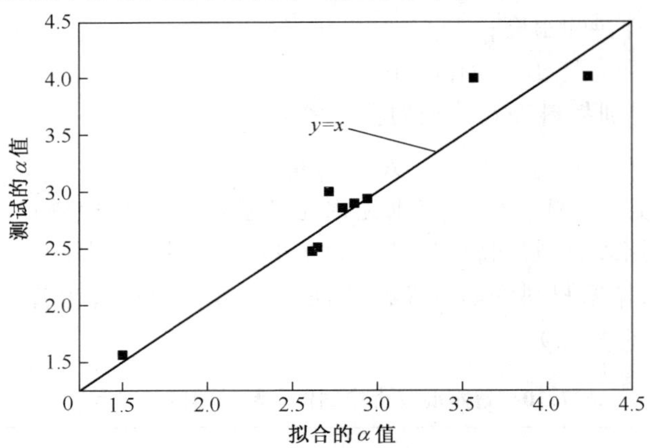

图 7.17 系数 α 的测试值和拟合值之间的关系

$$\alpha = P^{0.26} H^{0.59} Re^{-0.02} R_s^{0.36} C_u^{1.03} \tag{7.10}$$

式（7.10）表明，回归方程与实验得到的规律是一致的。比如试验发现孔隙率越大，透水混凝土越易堵塞，而式（7.10）中孔隙率 P 的指数为 0.26，所以 α 随着 P 的增大而增大。通过回归方程式（7.10）将影响透水路面堵塞的 5 个因素的作用综合在一起，从而反映了各因素对堵塞的影响大小。透水混凝土的孔隙率、相对水深、骨料–堵塞材料尺寸比对系数 α 的影响有较小的差别（P、H 和 R_s 的幂分别为 0.26、0.59 和 0.36）。堵塞材料的不均匀系数对 α 具有较大的影响（C_u 的幂为 1.03），然而水平径流的雷诺数 Re 对系数 α 的影响较小（Re 的幂为−0.02）。

按照太沙基的过滤准则[13]，当 $R_s = D_{15}/d_{85} < 4$ 时，较小的 R_s 意味着土颗粒穿过碎石滤层发生管涌的危险性降低。这就说明，相比于骨料尺寸，如果堵塞材料尺寸越大，则堵塞材料有更大可能留在试样的顶部。在工况 6、7 中的 R_s 分别为 3.88 和 3.87，两种情况下的沉淀物都留在了透水混凝土的顶部［图 7.14（c）和图 7.14（b）］。然而工况 6、7 中的渗透率降低却大大不同。导致这一区别的原因在于二者具有不同的 C_u 值（工况 6 中为 1.52，工况 7 中为 2.80）。较大的 C_u 值表明堵塞材料包含的颗粒尺寸范围较大，这样就在空隙结构上构建了一个“桥梁”［图 7.14（b）］。因此，试样的透水性将大大减小。

同时，研究发现细砂颗粒作为堵塞材料的情况下堵塞有所加强。例如，工况 2 中细砂颗粒沉淀物的堵塞现象比工况 6 中粗砂颗粒沉淀物的堵塞现象严重，如图 7.12 所示。这些与 Tan 等[12]对碎石堵塞的研究结果不一致。在他们研究中，认为 α 与 R_s 成反比，然而本研究中发现 α 与 R_s 成正比。出现这一现象的原因在于在他们的试验中 R_s 为 3.53 和 8.75，因此未考虑细砂颗粒沉淀物；而本研究试验中 R_s 为 3.87 和 14.73。另一个可能的解释是本研究的试验对象是透水混凝土而非碎石。与碎石相比，透水混凝土孔隙通道的形状、曲率、粗糙度等大不相同，这些都是影响堵塞的原因。R_s 对于系数 α 的影响有待进一步研究。

如图 7.15 所示，水平径流流速的增加仅仅延缓了堵塞的进程，对于最终的堵塞程度基本没有影响。换言之，Re 虽然可以影响堵塞进程，但是对于 α 的值基本没有影响。随着水平径流流速的增加，流体剪应力增大，流体的托举力（或拖拉力）抑制了沉积过程。然而一些颗粒可能会逐渐跌落到透水混凝土的表面，当颗粒回落到靠近试样上表面具有较低水平径流流速的区域时，颗粒的动能将会降低，并且颗粒可能从该区域随渗流进入试样内部。

稳定阶段的系数 α 是一个特征量，它取决于 5 个变量的快速堵塞过程。通过式（7.6）和式（7.10），可以估算透水混凝土路面快速堵塞后渗透性的降低。需要指出的是，式（7.10）有一定的适用性，因为本研究中试验参数的范围为：$0.15<P<0.25$，$1.11<H<2.22$，$800<Re<14\,100$，$3.87<R_s<14.73$，$1.52<C_u<2.8$。

7.4　结　　论

为揭示极端降雨条件下透水混凝土路面在雨洪径流作用下渗透性的快速降低过程，创新性地研发了一种与电导率测量相结合的渗透率实时测量系统。通过该测量系统开展了一系列的室内模拟试验，研究了透水混凝土孔隙率、泥沙粒径、地表径流深度以及径流流速对孔隙堵塞引起的透水路面渗透性降低的影响[14]。从柯兹尼-卡曼方程得到了快速堵塞模型，系数 α 值的大小表明渗透性的下降速率，并研究了 5 个变量对渗透性的影响。主要研究结论如下：

（1）透水混凝土路面连续堵塞过程一般包括 3 个阶段：快速堵塞阶段、短暂恢复阶段、渐进堵塞阶段。

（2）透水混凝土电导率的变化精确反映了其堵塞过程。因此，可以用更易测量的电导率值作为透水混凝土堵塞的指标。

（3）尽管较大的水平径流雷诺数值可以延缓透水混凝土路面堵塞过程，但抑制堵塞的能力有限；透水混凝土的孔隙率和雨洪径流深度均与系数 α 大约成正相关；堵塞物的不均匀系数对系数 α 具有相对大的影响，不均匀系数越大，α 越大。在本研究范围内，骨料-堵塞材料的粒径比对系数 α 也有积极的影响。

参 考 文 献

[1] SCHALCHLI U. Basic equations for siltation of river beds [J]. J. Hydr. Engrg., ASCE, 1995, 121 (3): 274-287.

[2] 杨志峰. 多孔混凝土透水基层材料组成设计与性能研究 [D]. 武汉：武汉理工大学，2008.

[3] CUI Xin-zhuang, ZHANG Jiong, ZHANG Na, et al. Improvement of permeability measurement precision of pervious concret [J]. Testing and Evaluation Journal, 2014, 43 (4): 1-8.

[4] NEITHALATH N, WEISS J, OLEK J. Characterizing enhanced porosity concrete using electrical impedance to predict acoustic and hydraulic performance [J]. Cement Concr. Compos., 2006, 36 (11): 2074-2085.

[5] AMOUËLIAN A, COUSIN I, TABBAGH A, et al. Electrical resistivity survey in soil science: a review [J]. Soil and Tillage Research, 2005, 83 (2): 173-193.

[6] TURESSON A. Water content and porosity estimated from ground-penetrating radar and resistivity [J]. Journal of Applied Geophysics, 2006, 58 (2): 99-111.

[7] ZHANG Ding-wen, CAO Zhi-guo, FAN Li-bin, et al. Evaluation of the influence of salt concentration on cement stabilized clay by electrical resistivity measurement method [J]. Engineering Geology, 2014, 170 (20): 80-88.

[8] HAJRA M G, REDDI L N, GLASGOW L A, et al. Effects of ionic strength on fine particle clogging of soil filters [J]. J. Geotech. Geoenviron. Eng., 2002, 128 (8): 631-639.

[9] DEO O, SUMANASOORIYA M, NEITHALATH N. Permeability reduction in pervious concretes due to clogging: experiments and modeling [J]. Journal of Materials in Civil Engineering, 2010, 22 (7): 741-751.

[10] BLAZEJESKI R, SADZIDE M B. Soil clogging phenomena in constructed wetlands with surface flow [J]. Water Sci. Technol., 1997, 35 (5): 183-188.

[11] WU Fu-chun, HUANG Hung-tzu. Hydraulic resistance induced by deposition of sediment in porous medium [J]. J. Hydraul. Eng., 2000, 126 (7): 547-551.

[12] TAN S A, FWA T F, HAN C T. Clogging evaluation of permeable bases [J]. J. Transp. Eng., 2003, 129 (3): 309-315.

[13] TERZAGHI K. Effect of minor geologic details on the safety of dams [J]. Am. Inst. Min. Met. Eng. Tech. Publ, 1929, 215: 31-44.

[14] 崔新壮，张炯，黄丹，等. 暴雨作用下透水混凝土路面快速堵塞实验模拟 [J]. 中国公路学报，2016，29 (10)：1-11，19.

第8章 透水混凝土堵塞修复技术研究

透水混凝土孔隙率通常为15%~35%，众多连通性孔隙使其具有良好的渗透性，随着使用时间的延长，砂粒、泥沙、有机物碎屑和油污等会对透水混凝土的孔隙造成堵塞，导致透水性能逐渐下降甚至演变为不透水路面，增大了城市内涝的风险。

CJJ/T 135—2009[1]规定，透水混凝土的透水系数应大于等于0.5 mm/s。加拿大学者Drake[2]指出，当透水系数低于50 mm/h，表明透水混凝土已经失效；而当透水系数低于250 mm/h，则需要进行恢复维护。透水混凝土的堵塞是影响其推广应用和使用寿命的关键，目前中国关于透水混凝土堵塞过程及堵塞恢复的分析研究较少。本章试验研究堵塞物质类别和粒径对透水混凝土透水性能的影响机理，比较几种恢复方法对透水混凝土透水性能的恢复效果[3]。

8.1 试验材料与方法

8.1.1 试验材料与器材

1. 透水混凝土试件

试验采用1 000 mm×1 000 mm×100 mm的透水混凝土试件。根据CJJ/T 135—2009的规定，粗骨料选用4.75~9.50 mm的单粒径级配花岗岩碎石，水泥为PO.42.5级硅酸盐水泥，减水剂为聚羧酸缓凝高性能减水剂。按质量比计算，水灰比为0.3，骨灰比为3.7，减水剂添加量为水泥质量的0.3%。采用骨料表面包裹法制备透水混凝土试件，具体方法为：先将全部细骨料和70%的水加入强制式搅拌机中预先搅拌60 s，然后加入50%的水泥和所有减水剂，继续搅拌60 s，最后将剩余的50%的水泥和30%的水加入搅拌机搅拌120 s，拌好后加入定制模具中压实，在20℃和95%相对湿度下养护3

d，然后覆膜养护至 28 d 后测试。

2. 堵塞物质

（1）砂粒。取河道未经筛分的天然河砂，经不同孔径的方孔筛筛选，得到粒径分别为 < 0.075、0.075 ~ 0.15、0.15 ~ 0.3、0.3 ~ 0.6、0.6 ~ 1.18、1.18~2.36 mm 共 6 个等级的砂粒。

（2）黏土。取自绿化带中的黏土。

（3）泥沙。配制质量配比为天然河砂：黏土 = 1：4 的混合物以模拟路面泥沙。

（4）油污。配制质量比为废弃机油：天然河沙：黏土 = 1：1：4 的混合物以模拟餐馆、汽修店等使用环境中透水混凝土 P 被含油物质堵塞的情况。

3. 试验器材

双环透水仪（外环直径为 600 mm，内环直径为 200 mm）；自动水位控制器（Q=0.5 L/s）；方孔筛一组（目数为 8、18、30、60、100、200）；3 kW 单相汽油发电机；高压水枪（压力为 0.3 MPa；流量为 0.5 L/s）；HC-T2103Y 干、湿、吹三用桶式吸尘器（真空度≥30 kPa，最大吹扫气量为 65L/s）。

8.1.2 试验方法

1. 不同堵塞物质重复堵塞对透水率的影响

称取不同堵塞物 20 g 加入 2 L 水中，搅拌均匀后使混合液缓慢渗透通过透水混凝土试件，待试件表面干燥后用毛刷将堆积在试件表面的松散堵塞物质扫除。将试件放置 3 d 后用双环定水头法测定各试件的透水系数。试验重复 10 次并测定每次堵塞后的透水系数以模拟透水混凝土 P 重复堵塞后其透水性能衰减变化规律。通常认为多孔路面中的渗流可近似通过达西定律来表示，即渗透流速与水头损失成正比且与流经距离成反比。当渗透过程看作垂直方向一维渗透时，渗透速率数值上等于渗透系数并可通过单位面积上单位时间的透水量来计算，如式（8.1）、式（8.2）所示。

$$k = \frac{Q}{At} \cdot \frac{1}{I} = \frac{Q}{At} \cdot \frac{L}{\mathrm{d}h} \tag{8.1}$$

$$v = \frac{Q}{At} = kI \tag{8.2}$$

式中 k——渗透系数，cm/s；

Q——渗流量，cm^3；

A——试件断面面积，cm^2；

I——水力坡降；

L——水流流经试件的长度，cm；

h——水头差，cm；

t——试验持续时间，s；

v——渗透速率，cm/s。

2. 不同粒径堵塞物堵塞特征研究

称取不同粒径砂粒 20 g 加入 2 L 水中，将透水混凝土试件置于直径为 80 cm的圆形水槽上，将混合物搅拌均匀后缓慢渗透过透水混凝土试件，待试件干燥后用毛刷将堆积在表面的砂粒收集并称量质量。不同粒径堵塞物的堵塞试验重复 10 次后，用双环定水头法测定各试件的透水系数以反映不同粒径对透水混凝土透水性能衰减变化规律的影响。此外，每次试验中同时称量水槽中不同粒径砂粒的质量并据此计算不同粒径穿透率。

3. 堵塞的透水混凝土恢复试验研究

将受到不同种类物质堵塞的透水混凝土试件分别用人工清扫、高压水冲洗、真空抽吸、强力气冲、人工清扫后高压水冲洗和人工清扫后高压水冲洗再真空抽吸 6 种方法进行恢复处理。人工清扫法为用毛刷扫除透水混凝土上的泥沙、枯枝落叶等；高压水冲洗方法采用高压水枪以 0.3 MPa 的水压及 0.5 L/s 流量冲洗试件表面 3 min；真空抽吸采用≥30 kPa 的真空度抽吸5 min；强力气冲采用（50±6.2）L/s 的空气量通过 DN25 管口吹扫试件表面 5 min。待试件完全干燥后用双环定水头法测定其透水系数，与堵塞恢复前的透水系数比较，通过恢复前后透水率恢复百分率反映恢复效果。

8.2 试验结果及分析

8.2.1 堵塞物质类别对透水性能的影响

随着堵塞次数的增加，透水混凝土试件透水系数逐渐降低。被全粒径级配的砂粒堵塞的试件在前 5 次堵塞过程中，透水系数呈近似线性下降，而后下降幅度逐渐减小并趋于平缓。这是因为新透水混凝土试件空隙率高，最初受到砂粒堵塞时，进入孔隙的砂粒量是唯一限制因素，所以透水系数下降较快；随着堵塞次数的增加以及表层孔道内颗粒物累积，表层空隙减小，只有小粒径砂粒可进一步进入堵塞物之间的孔隙，而这部分穿透表层堵塞层的小粒径砂粒多数能进一步穿透透水混凝土面层，因此，透水系数下降的幅度会减小并趋于平缓。被黏土堵塞的试件在整个堵塞过程中透水系数下降较为平缓。因黏土粒径小，在水流运动过程中，黏土会沉积在透水混凝土深层或随水流出，仅有少量会黏附在孔道内壁，所以试件透水系数下降较缓慢。通过比较可看出，被泥砂堵塞的试件透水系数降低较快。因泥砂粒径分布广，粒径较大的颗粒大量堵塞在孔隙中形成堵塞层骨架，使黏土更易截留在孔道内。含油污的泥沙可塑性和黏性较强，且由于油污的疏水性，这类堵塞物难以随水流出，大部分堵塞物进入透水混凝土较浅的部分，致使透水混凝土透水系数急剧下降甚至变成不透水混凝土，对透水性影响很大。

8.2.2 堵塞物质粒径对透水性能的影响

透水混凝土受到不同粒径的刚性颗粒状物质堵塞时，堵塞物质的穿透率及透水混凝土透水系数的变化见图 8.1。

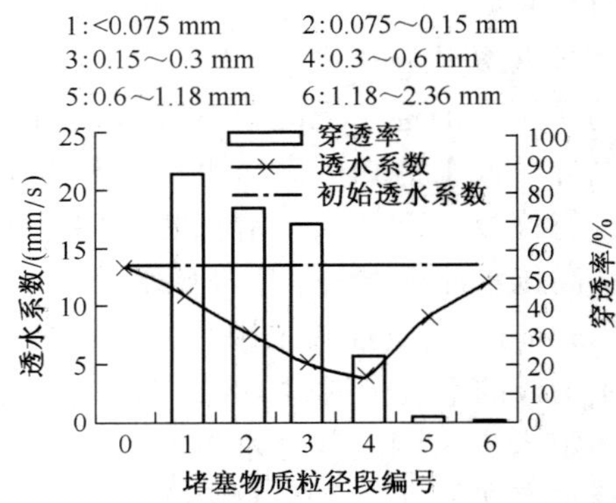

图 8.1 不同粒径堵塞物质的穿透率及透水混凝土透水系数的变化

由图 8.1 可知，当堵塞物质为砂粒时，随着粒径增大，砂粒穿透率减小，而透水混凝土试件透水系数则呈现先减小后增大的趋势。粒径小于 0.075 mm 的砂粒能随水流穿过透水混凝土孔隙，只有少量砂粒堵塞在孔径极小或孔道方向变化处。粒径为 0.3～0.6 mm 的砂粒堵塞的透水混凝土试件透水系数只有初始透水系数的 27.1%，穿透率也仅为 23.37%；砂粒粒径为 0～0.6 mm 时，随着砂粒粒径增大，试件的透水率线性下降。粒径大于 0.6 mm 的砂粒，穿透率较低，大部分聚集在透水混凝土表面，Coughlin 等[4]认为，大粒径堵塞物无法进入透水混凝土内部，对透水性能影响较小。0.3～2.36 mm 粒径段砂粒堵塞试件时，随着堵塞物质粒径增大，试件透水率变大，受堵塞影响越小。

此外，试验表明，当堵塞物质是未经筛分的 0～2.36 mm 全粒径级配的砂粒时，堵塞 10 次后透水混凝土透水系数降至 0.98 mm/s。对于全粒径砂粒，细小的颗粒能进一步阻塞孔道内已堵塞的大颗粒间的空隙，在面层形成一定厚度的密实堵塞层，使透水混凝土透水系数急剧下降，若不及时清理，透水混凝土 P 的堵塞速度及程度会远大于被单粒径级配的砂粒堵塞的路面，透水性能也会受到更严重削弱。

8.2.3 不同恢复方法的恢复效果分析

用不同恢复方法对受不同类别堵塞物质堵塞的透水混凝土试件进行渗透性恢复试验，比较不同恢复方法的恢复效果，试验结果见表 8.1。

表 8.1 不同恢复方法、不同堵塞物质种类被堵塞透水混凝土的平均透水系数

堵塞物质种类	平均透水系数/（mm/s）						
	未被恢复时试件	人工清扫后	高压水冲洗后	真空抽吸后	强力气冲后	清扫+水冲后	清扫+水冲+抽吸后
砂粒	3.15	3.08	6.30	3.97	2.91	6.87	7.55
黏土	3.59	3.91	5.07	4.87	4.05	4.79	5.38
泥沙	2.79	4.02	5.79	3.51	3.36	6.84	7.53
含油污的泥砂	0.62	0.71	1.07	0.77	0.65	0.96	1.20

由表 8.1 可知，人工清扫对受到砂砾、黏土和含油污的泥沙堵塞的透水混凝土试件恢复效果较差，但对受泥沙堵塞的试件有一定的恢复效果，受泥沙堵塞的试件经人工清扫后其透水率可恢复到初始透水率的 29.26%。这是因为透水混凝土试件被堵塞时间较短，堵塞物质单一且性质简单，所以清扫有一定作用。

高压水冲洗、人工清扫后高压水冲洗及人工清扫后高压水冲洗再真空抽吸 3 种方法恢复被砂粒、黏土和泥沙堵塞的试件效果较好，其中人工清扫后高压水冲洗再真空抽吸效果最优，能使受砂粒、黏土和泥砂堵塞的试件透水率分别恢复至试件初始透水率的 54.95%、39.16%及 54.80%。Golroo 等[5]通过研究也首推高压水冲洗再真空抽吸的方法来恢复透水混凝土 P 的渗透性。这是因为短时间内砂粒和泥沙与孔隙壁黏附不牢固且大部分堵塞物处于透水混凝土表层较浅处，高压水冲洗易将杂质冲洗出来，从而提高其透水性能。对受黏土和含油污的泥沙堵塞的透水混凝土试件，几种恢复方法效果均较差。就受黏土堵塞的透水混凝土试件而言，一方面由于黏土粒径极小，在堵塞过程中沉积在透水混凝土孔隙较深处，上述恢复方法难以触及孔隙深处的堵塞物质；另一方面透水混凝土内部孔隙的孔径和方向不规则，孔壁摩擦阻力大，恢复处理难以将深处的堵塞物质清理出来。含油污的泥沙具有黏性和疏水性等特殊性质，其进入孔隙后在挤压作用下形成紧密黏结的整体，牢固地黏在

孔隙内壁并在其表面形成油膜，高压水冲洗时水流难以将堵塞物质冲散，因此恢复效果不明显。

8.3 结　论

（1）受全粒径级配砂粒堵塞的透水混凝土随着堵塞次数增加其透水系数呈现出先快速降低后趋于平缓的规律；受黏土堵塞的透水混凝土在堵塞过程中透水系数降低速率较均匀；受泥沙及含油污的泥沙堵塞的透水混凝土由于堵塞物质的黏性使得其透水性能衰退较快。长期受到各类物质堵塞的透水混凝土P透水性能会受到很大影响，必须定期清理才能使其保持一定的透水性能。

（2）不同粒径的刚性颗粒堵塞物质对透水混凝土透水性能影响不同。随着粒径的增大，砂粒穿过透水混凝土试件的穿透率逐渐减小，透水混凝土透水系数先减小后增大；0.3~0.6 mm单粒径级配的砂粒对透水混凝土透水性能影响最大，0~2.36 mm全粒径级配的砂粒会在透水混凝土表面形成密实堵塞层，对透水混凝土造成的堵塞更严重。

（3）单独使用人工清扫、真空抽吸及强力气冲对透水混凝土P透水性能的恢复效果有限，其中人工清扫有时还会带来负面影响；高压水冲洗、人工清扫后高压水冲洗及人工清扫后高压水冲洗再真空抽吸3种方法恢复效果较好。不同恢复方法的恢复效果与透水混凝土P的使用年限、交通量、使用环境以及堵塞物质类别密切相关，堵塞越严重，恢复难度越大，恢复效果也越不理想。因此，透水混凝土P在日常使用过程中应定期维护保养使其保持良好的透水性能。

参考文献

[1] 江苏省建工集团有限公司，河南省第一建筑工程集团．透水水泥混凝土路面技术规程：CJJ/T 135—2009）[S]．北京：中国建筑工业出版社，2010.

[2] DRAKE J, BRADFORD A, SETERS T V, et al. Performance of permeable pavements in cold climate environments [C]. Low Impact Development 2010: Redefining Water in the City. Proceedings of the 2010 International Low Impact Development Conference, San Franci sco, California, Usa, 2010: 11-14.

[3] 谢西，姜成，林晨彤，等．透水混凝土路面堵塞及其恢复效果研究[J]．中外公路，

2019（1）：46-49.

[4] COUGHLIN J P，CAMPBELL C D，MAYS D C. Infiltration and clogging by sand and clay in a pervious concrete pavement system [J]. Journal of Hydrologic Engineering，2012，17（1）：68-73.

[5] GOLROO AMIR，TIGHE S L. Pervious concrete pavement performance modeling：An empirical approach in cold climates [J]. Canadian Journal of Civil Engineering，2012，39（39）：1100-1112.

第9章

透水路面养护技术

混凝土路面的工作条件非常恶劣，不但要反复承受荷载，而且还要受到严格的气候作用。而透水混凝土路面相比于普通混凝土路面更容易受损。路面养护维修是复杂辛苦而简单乏味的工作，很容易被忽视。随着社会的发展，对道路提供的服务要求却越来越高。为保持城镇透水路面的功能，保证其完好和安全运行，就应当定期维护道路及道路上的构筑物和设施，尽可能保持道路使用性能，及时恢复破损部分，保证行车安全、舒适、畅通，节约运输费用和时间；而采取正确的养护技术措施，可以提高工程质量，延长道路的使用年限，推迟重建时间。本章将介绍几种常见的透水路面养护技术及养护技术检查与验收规程。

9.1 基本规定

透水路面的养护主要内容包括路面工程及排水设施的检测评定、养护工程和档案资料。除此之外，还应包括路基、分隔带及其他附属设施的养护。

根据各类道路在城镇中的重要性，宜根据透水的养护路面类型和技术状况分为下列3个养护等级。

（1）Ⅰ等养护的透水路面：快速路、主干路、广场、商业繁华街道、重要生产区道路、外事活动路线、游览路线。

（2）Ⅱ等养护的透水路面：除Ⅰ等养护以外的次干路、步行街、支路中的商业街道。

（3）Ⅲ等养护的透水路面：除Ⅰ、Ⅱ等养护以外的支路。

透水路面应定期进行日常巡查、检测评价，并应根据评价结果制订年度维修计划及中期道路养护规划。

透水路面养护工程应根据其工程性质和技术状况分为透水性能维护、预防性养护、矫正性养护、应急性养护。矫正性养护包括保养小修、中修、大修和改扩建工程，中修、大修和改扩建工程应进行专项设计。

透水路面的养护作业宜优先采用机械化施工工艺。

透水路面养护应制定特殊气候、突发事件等应急预案，备有应急站点、人员、设备、物资，并应定期组织演练。

透水路面的养护应按养护面积配备养护设备、检测设备及专业养护技术人员。

透水路面养护状况评定应包括透水路面养护状况的阶段检查、年度检查，并应编制检查评价报告。

透水路面养护宜建立养护管理系统或纳入城镇道路养护管理系统，且每条透水路面应建立养护技术档案。透水路面养护状况评定指标以及透水路面设施的评定检查单元划分、养护作业安全防护、技术档案管理应符合《城镇道路养护技术规范》（CJJ 36—2016）的相关规定。

9.2 透水混凝土路面养护

9.2.1 一般规定

透水混凝土路面应进行日常巡查、小修、养护；透水混凝土路面应采用专用机械及相应的快速维修方法施工。

透水混凝土路面养护维修材料应满足强度、耐久性和稳定性要求，主要材料应进行检验。

透水混凝土路面进行大修或改建工程时，应根据实际情况选择适宜的再生技术。

透水混凝土路面应及时清除泥土、石块、砂砾等杂物，严禁在路面上拌和砂浆或混凝土等作业。

对透水混凝土路面有化学制剂或油污污染的，应及时清除。

冬季透水混凝土路面宜采取及时清雪等措施防止路面结冰，不宜机械除冰，并不得撒盐、砂或灰渣，宜使用环保型的非盐类的除雪剂。

透水混凝土路面维修施工应参照 CJJ/T 135—2009 的规定。

9.2.2 透水性能维护

透水混凝土路面应每月利用透水路面吸尘养护设备进行清洁，并严禁在路面上拌和砂浆或混凝土等作业。

巡查过程中发现透水混凝土路面出现堵塞现象时，可使用真空吸尘养护设备将堵塞孔隙的杂物吸出，也可使用压缩空气冲刷孔隙使堵塞物去除，或用高压水（5~20 MPa）冲刷孔隙洗净堵塞物。

当透水混凝土路面的 PRP 评价等级降低到 D 以下时，宜采用高压水(5~20 MPa）冲洗。

9.2.3 病害维修

在透水混凝土路面出现裂缝、坑槽和骨料脱落面积较大的情况下，必须进行路面修复。透水混凝土路面损坏情况分类及修复见表 9.1、表面掉粒级别分类及修复见表 9.2。

表 9.1 透水混凝土路面损坏情况分类及修复

路面损坏	现象描述	修复措施
表面掉粒	个别骨料颗粒从混凝土表面脱离	详见 CJJ 36—2016 6.3.1 节
接缝磨损	接缝处磨损	杂物嵌入接缝时应予清除并对脱落以及老化的填缝材料进行更换
裂缝	除了接缝以外的断裂	对轻微裂缝进行灌浆处理，对中等裂缝进行扩缝补块处置
骨料磨损	不同于表面掉粒的路面磨损	将损坏部位挖除并重铺面层，或在原有路面上铺设新的面层
划痕	路表面出现划痕痕迹	应将损坏部位挖除并重铺面层
板角断裂	路面板边和板角破裂	挖除损坏部位，并重铺破损面层

表 9.2 表面掉粒级别分类及修复

路面状况	现象描述	修复措施
全新路面	表面光滑、均匀	无要求
轻度掉粒	表面上有少数松散颗粒	真空清洗除去掉粒
中度掉粒	表面掉粒达到 25%，无划痕	局部损坏部位进行真空清洗和更换处理
严重掉粒	表面掉粒达到 50%，局部有划痕	局部损坏部位进行清除和更换，或在原有路面上铺设新的面层
完全失效	表面掉粒完全，有明显划痕	将损坏部位挖除并重铺面层，或在原有路面上铺设新的面层

按周期有计划地安排中修、大修、改扩建项目，提高道路的技术状况。

透水混凝土路面的大修、改扩建工程项目应进行专项工程设计。

后补的透水混凝土混合料的强度和目标孔隙率应与原透水混凝土一致，

相关信息应从透水路面资料卡中获取。

9.3　透水砖路面养护

9.3.1　一般规定

透水砖路面应定期进行养护，春季和雨季应增加巡检次数，保证其正常的透水功能。

填缝料缺失时应及时补缝，补缝料应使用粗砂，补缝应饱满密实。当透水砖路面出现缺损、错台、沉陷、麻面等病害时，应及时进行修复工作。

透水砖路面维修时应按原设计结构进行恢复，且应满足交通荷载要求；局部更换的透水砖块，其颜色、材质、规格宜与原路面一致。

应及时扫除透水砖表层的积雪等，防止路面结冰。

透水砖路面维修施工应参照《透水砖路面技术规程》（CJJ/T 188—2012）的规定。

9.3.2　透水性能维护

透水砖路面应每月利用透水路面吸尘养护设备进行清洁，并严禁在路面上拌和砂浆或混凝土等作业。

巡查过程中发现透水砖路面出现堵塞现象时，可使用真空吸尘养护设备将堵塞孔隙的杂物吸出，也可使用压缩空气冲刷孔隙使堵塞物去除，或用高压水（5~20 MPa）冲刷孔隙洗净堵塞物。

当透水砖路面的 PRP 评价等级降低到 D 以下，宜采用高压水（5~20 MPa）冲洗。

9.3.3　病害维修

透水砖路面的小修应包括下列内容。

（1）局部砖块的松动、缺损、错台。

（2）局部沉陷、压碎，检查井四周烂边。

（3）砖块出现麻面现象。

（4）透水砖路面上的局部掘路修复工作。

当透水砖路面出现下列情况时，应及时安排中修或大修工程。

（1）纵横坡度不满足设计要求。

（2）彩色透水砖颜色大面积脱落。

大、中修工程必须进行施工维修设计或施工方案设计。

路面破损的修复应满足以下规定。

(1) 补砖必须采用与旧砖规格、透水性能、强度、颜色相同的砖。

(2) 尽可能使用与旧砖同一次检修的剩余散砖。

(3) 严格按照设计透水砖的配比进行砌筑，不得随意改变砌筑配比。

(4) 挖补砖的膨胀缝纸板不得撕除，挖补砖必须湿砌。

铺砌应平整、稳定，灌缝应饱满，不得有翘动现象。

修复时，应将掘路施工期间被扰动的砌块全部拆除并重新铺砌。

9.4 养护工程的检查与验收

9.4.1 一般规定

透水路面道路养护工程的检查与验收应包括透水性能维护、预防性养护、保养小修、中修工程、大修工程、改扩建工程等。

养护单位应对保养小修质量进行自查，建立自查技术档案，自查结果报管理单位备案，管理单位应进行质量抽检。

预防性养护、中修工程检查与验收应符合下列规定。

(1) 应对工程全过程进行监理。

(2) 应对施工过程和隐蔽部分的施工进行检查和验收。

(3) 工程完成后，应进行验收。

(4) 竣工资料应及时验收归档。

大修工程检查与验收应符合下列规定。

(1) 应对工程全过程进行监理。

(2) 应按分项工程逐项进行验收。

(3) 竣工验收应符合下列程序。

1) 工程竣工后，应按设计文件和透水路面道路维修作业验收标准进行自检，做出质量自评，并进行初验。

2) 应对工程质量做出监理评价和设计评价。

3) 应及时进行竣工验收及质量评价，并报有关单位备案。

4) 如工程未达到验收标准，应提出整改意见并及时整改，达到标准要求后再进行复验。

5) 当工程内容符合设计文件、工程质量符合验收标准、竣工文件齐全完整时，应及时办理交验手续。

6）竣工资料应及时验收和归档。

透水路面道路的改扩建工程检查与验收应根据新建工程的质量与验收标准进行。

9.4.2　透水混凝土路面养护工程

透水性能维护质量与验收标准应符合表 9.3 的规定。

表 9.3　透水性能维护质量检查与验收标准

项　目	质量要求与允许偏差	检验频率	检 验 方 法
外观	表面孔隙无堵塞，无颗粒残留	全检	目测
渗透系数	达到设计要求	1 个点/500 m^2	渗透系数原位测试（参见附录 A 或附录 B）

其他养护工程质量检查与验收标准应符合 CJJ 36—2016、CJJ/T 135—2009 与《海绵城市透水路面道路雨水控制利用系统施工与验收规程》（DB 37/T 5083—2016）的相关规定。

9.4.3　透水砖路面养护工程

透水性能维护质量检查与验收标准应符合表 9.4 的规定。

表 9.4　透水性能维护质量检查与验收标准

项　目	质量要求与允许偏差	检验频率	检 验 方 法
外观	表面孔隙无堵塞，无颗粒残留	全检	目测
渗透系数	达到设计要求	1 个点/500 m^2	按《透水路面砖和透水路面板》（GB/T 25993—2010）透水系数测试

其他养护工程质量检查与验收标准应符合 CJJ 36—2016、CJJ/T 188—2012 与 DB 37/T 5083—2016 的相关规定。

9.5　透水路面透水系数原位测试方法

透水路面透水系数的原位测试装置宜按图 9.1 设置。该装置部分组件需要在施工时安装。

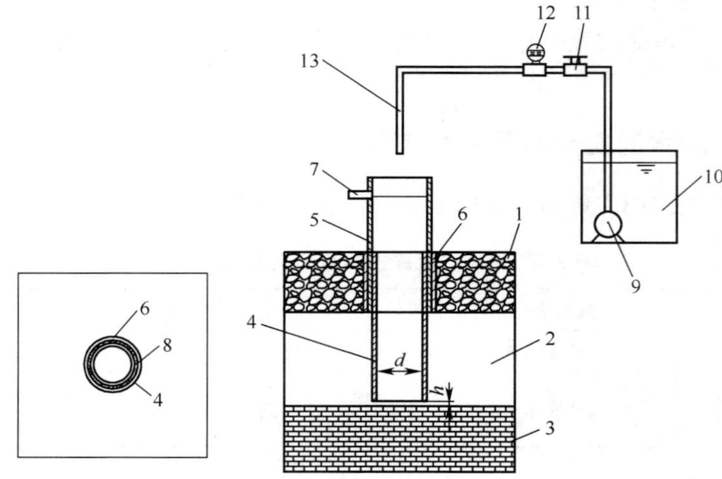

图 9.1 透水系数原位测试装置示意图

1—透水路面；2—透水路基；3—压实原土；4—基础圆筒；5—测量水筒；6—接头管件；7—溢流口；8—封堵管件；9—水泵；10—储水箱；11—阀门；12—流量计；13—出水管

9.5.1 测试装置要求

（1）基础圆筒：随着施工安装在透水路面的路基和路面内的圆筒，圆筒外径为 110 mm。圆筒上端与路面平齐，圆筒底端距与压实原土上表面之间留有缝隙，以使渗入的水能够排走。将基础圆筒与透水路面施工同时安装在路基和路面内，施工中保证基础圆筒内放入的建筑材料成分、厚度及施工养护工艺与圆筒外的完全相同。

（2）测量水筒：测量时对接在基础圆筒上，设有溢流口并能保持一定水位的圆筒。

（3）供水装置：测量时能够保证提供足够的流量使测量水筒内的水面达到溢流口并保持恰好没有水溢出的状态。供水装置包括水泵、储水箱、阀门、流量计、溢水口等。

9.5.2 测量器具要求

（1）量具：分度值为 1 mm 的钢直尺及类似量具。

（2）流量计：最小刻度为 2.5 L/min 的浮子流量计。

（3）温度计：最小刻度为 0.5 ℃。

试验用水应使用无气水，试验时水温宜为（20±3）℃。

9.5.3　测试步骤

（1）透水路面施工时用钢直尺测量基础圆筒的内径 d 和长度 L，分别测量两次，取平均值，精确至 1 mm，计算试样的上表面面积 A。

（2）待透水路面施工并养护结束后，立即进行初始透水系数测量。将测量圆筒插入基础圆筒上，打开供水装置，调整进水量，使测量水筒内的水面达到溢流口（约 150 mm）并保持恰好没有水流出的状态，约 5 min 后，开始记录流量计读数 Q，并在 5 min 中内记录 3 次，取平均值。

（3）用钢直尺测量圆筒的水位 H，精确至 1 mm。试验中用温度计测量储水箱中水的温度 T，精确至 0.5 ℃。

9.5.4　透水系数的计算

透水系数的计算公式为

$$k_T = \frac{QL}{A(H + L)} \tag{A.1}$$

式中　k_T——水温为 T℃时试样的透水系数，mm/s；

Q——渗流流量，mm^3/s；

L——基础圆筒的长度，也就是试样的厚度，mm；

A——基础圆筒的内横截面积，也就是试样的上表面积，mm^2；

H——测量水筒内的水位高度，mm。

试验结果以 3 次测量的平均值表示，计算精确至 1.0×10^{-2} mm/s。

测试以 15℃水温为标准温度，标准温度下的透水系数应按下式计算：

$$k_T = k_{15}\frac{\eta_T}{\eta_{15}} \tag{A.2}$$

式中　k_{15}——标准温度时试样的透水系数，mm/s；

η_T——T℃时水的动力黏滞系数，kPa·s；

η_{15}——15℃时水的动力黏滞系数，kPa·s；

$\frac{\eta_T}{\eta_{15}}$——水的动力黏滞系数比。

9.6　透水路面透水系数原位测试方法

9.6.1　目的与适用范围

本方法适用于在现场测定透水路面的渗透系数。

9.6.2 仪器和材料技术要求

透水路面透水系数的原位测试装置宜按图 9.2 与图 9.3 设置。

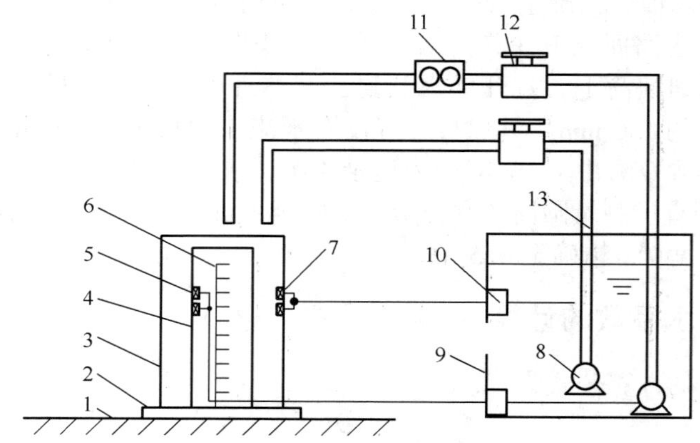

图 9.2 渗透系数原位测试装置

1—透水混凝土路面；2—柔性硅胶垫圈；3—外管；4—内管；5—第一水位传感器；8—刻度，8—第二水位传感器；8—水泵；9—水箱；10—控制器；11—流量计；12—阀门；13—水管

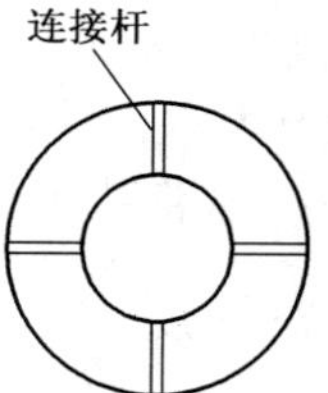

图 9.3 内外管连接方式

渗透系数原位测试装置由上下开口的圆柱形透明有机玻璃管组成，分为内、外管，内、外管的直径分别为 30 cm 和 45 cm，装置高度为 30 cm，并且内管壁面刻有 0~30 cm 的刻度，最小刻度为 1 mm。其内、外管上、中、下部分别由连接杆固定。内、外管底部垫有硅胶材料的柔性环，防止漏水和磨损。在渗透系数原位测试装置上、下预设水位处各安置了一个水位传感器探头，一共 4 个，内管和外管各 2 个，并且分别与控制器相连，控制器再与水泵相连。

9.6.3 测量器具要求

（1）量具：分度值为 1 mm 的钢直尺及类似量具。

（2）流量计：最小刻度为2.5 L/min的浮子流量计。

（3）温度计：最小刻度为0.5 ℃。

（4）试验时应使用无气水，试验的水温宜为（20±3）℃。

9.6.4 方法与步骤

1. 准备工作

测量之前，宜将整套装置水平安置在透水路面上。打开水泵和阀门分别向内、外管充水，应当有3 L以上的水从内、外管流进透水混凝土，对透水混凝土进行预湿润，可以避免因透水混凝土吸水造成的测量误差。装置的内、外管底部套有柔性垫圈，可以防止水的侧漏。

2. 测试步骤

（1）打开水泵对渗透仪进行注水，当水位达到内、外管预定的上水位时，内、外管的上水位 h_1 处的水位传感器探头分别将水位信号转变为电信号传给控制器，从而控制水泵停止供水。

（2）当水位降低到比上水位 h_1 低1 cm的下水位 h_2 处时，在下水位处的内、外管的水位传感器分别将水位信号转变为电信号传给控制器，从而控制水泵恢复供水，这样使得内、外管的水位波动幅度保持在1 cm范围内，以控制水位恒定，可以近似为常水头测量。

（3）当内、外管水位持平且稳定5 min后，开始记录流量计读数 Q，并在5 min中内记录3次，取平均值。

9.6.5 渗透系数的计算

渗透系数的计算公式为

$$k = \frac{QL}{A(h + L)} \tag{B.1}$$

式中 k——透水混凝土的渗透系数，mm/s；

Q——流量计流量，mm^3/s；

L——透水路面的厚度，mm；

A——内管的横截面积，mm^2；

h——测量内管内的水位高度，mm。

9.6.6 填写报告

对每条路段至少选定5个有代表性的测点进行检测，计算其平均值作为整段路面的渗透系数。

9.7 透水路面资料卡

表 9.5 透水路面静态数据

制表单位：

<table>
<tr><td>道路名称</td><td></td><td>设计单位</td><td></td><td>路幅宽度范围</td><td></td><td>所属乡镇</td><td></td></tr>
<tr><td>道路编号</td><td></td><td>施工单位</td><td></td><td>道路长度</td><td></td><td>管理分类</td><td></td></tr>
<tr><td>道路走向</td><td></td><td>道路等级</td><td></td><td>道路面积</td><td></td><td>管理单位</td><td></td></tr>
<tr><td>起点</td><td></td><td>路面等级</td><td></td><td>AADT</td><td></td><td>养护单位</td><td></td></tr>
<tr><td>终点</td><td></td><td>设计时速</td><td></td><td>交通量等级</td><td></td><td>建造年月</td><td></td></tr>
</table>

<table>
<tr><td rowspan="8">车行道</td><td rowspan="3">路面</td><td>类型</td><td></td><td rowspan="8">人行道</td><td rowspan="8">左侧</td><td>铺面类型</td><td></td><td rowspan="8">分隔带</td><td rowspan="8">左侧</td><td rowspan="3">人行护栏</td><td>长度</td><td></td></tr>
<tr><td>厚度</td><td></td><td>渗透系数</td><td></td><td>高度</td><td></td></tr>
<tr><td>渗透系数</td><td></td><td>长度</td><td></td><td>类型</td><td></td></tr>
<tr><td rowspan="2">基层</td><td>类型</td><td></td><td>宽度范围</td><td></td><td colspan="2">长度</td><td></td></tr>
<tr><td>厚度</td><td></td><td>直线面积</td><td></td><td colspan="2">宽度范围</td><td></td></tr>
<tr><td colspan="2">车道数</td><td></td><td>交叉口面积</td><td></td><td colspan="2">面积</td><td></td></tr>
<tr><td colspan="2">通行方向</td><td></td><td>盲道长度</td><td></td><td colspan="2">类型</td><td></td></tr>
<tr><td colspan="2">机动车道宽度范围</td><td></td><td>无障碍通道面积</td><td></td><td colspan="2">渗透系数</td><td></td></tr>
</table>

续表

类别	项目	子项	
车行道	左侧非机动车道宽度范围		
	右侧非机动车道宽度范围		
	车行道面积		
	有无公交车专用道		
	侧石	类型	
		长度	
	平石	类型	
		长度	
附属设施	检查井数量		
	雨水口数量		
	路名牌数量		
	标志牌数量		
	树池面积		
	其他		

类别	位置	项目	
人行道	左侧	绿化带面积	
		侧石类型	
		平石类型	
	右侧	铺面类型	
		渗透系数	
		长度	
		宽度范围	
		直线面积	
		交叉口面积	
		盲道长度	
		无障碍通道面积	
		绿化带面积	
		侧石类型	
		平石类型	

类别	位置	项目	子项	
分隔带	中央	护栏	高度	
			类型	
		长度		
		宽度范围		
		面积		
		类型		
	右侧	人行护栏	长度	
			高度	
			类型	
		长度		
		宽度范围		
		面积		
		类型		
		渗透系数		

审核人：　　　　制表人：　　　　制表日期：

表 9.6　透水沥青及水泥混凝土路面检测记录

道路名称：　　　　　　　　　　　　　　　　　　　　道路编号：

评价内容	综合评价指数		渗透能力		平整度		破损状况		强度		抗滑能力		交通量	
评价指标	PQI	等级	PRP	等级	RQI/IRI	等级	透水混凝土 I	等级	弯沉值	等级	BPN/SFC	等级	AADT	等级
年　月														
年　月														
年　月														
年　月														
年　月														
年　月														

表 9.7 透水砖路面检测记录

道路名称：　　　　　　　　　　　　　　　　道路编号：

评价内容	渗透能力		平整度		损坏状况	
评价指标	PRP	等级	平整度标准差/间隙度平均值	等级	FCI	等级
年　月						
年　月						
年　月						
年　月						
年　月						
年　月						

表 9.8 透水路面道路设施维修卡

道路名称：

编号	损坏发现日期	维修性质	维修日期	维修项目														备注
				坑洞		加铺（动基）		加铺（不动基）		步道		缘石		边沟		涵洞		
			开工/竣工	工程量/m^2	投资/万元	工程量/m^2	投资/万元	工程量/m^2	投资/万元	工程量/m^2	投资/万元	工程量/m^2	投资/万元	工程量/m^2	投资/万元	工程量/m^2	投资/万元	
			/															
			/															
			/															
			/															
			/															
			/															
			/															

续表

编号	损坏发现日期	维修性质	维修日期	维修项目														备注
				坑洞		加铺（动基）		加铺（不动基）		步道		缘石		边沟		涵洞		
			开工/竣工	工程量/m^2	投资/万元	工程量/m^2	投资/万元	工程量/m^2	投资/万元	工程量/m^2	投资/万元	工程量/m^2	投资/万元	工程量/m^2	投资/万元	工程量/m^2	投资/万元	
			/															
			/															
			/															
			/															
			/															
			/															
			/															
			/															

审核：　　　　　　　　　　填表：

表 9.9 设施分类年报

填报单位：　　　　　　　　　　　　　　　　　　　　　　年度：

表号：

项目	道路类别				道路等级			道路级别																											合计
								RQI				PRP				透水混凝土Ⅰ				FCI				BPN/SFC				PQI				结构强度			
	快速路	主干路	次干路	支路	Ⅰ等	Ⅱ等	Ⅲ等	A	B	C	D	A	B	C	D	A	B	C	D	A	B	C	D	A	B	C	D	A	B	C	D	足够	临界	不足	
数量/条																																			
长度/m																																			
面积/m^2																																			
备注																																			

引用标准名录：

（1）《城镇道路养护技术规范》（CJJ 36—2016）。

（2）《透水沥青路面技术规程》（CJJ/T 190—2012）。

（3）《透水水泥混凝土路面技术规程》（CJJ/T 135—2009）。

（4）《透水砖路面技术规程》（CJJ/T 188—2012）。

（5）《海绵城市透水路面道路雨水控制利用系统施工与验收规程》（DB37/T 5083—2016）。

（6）《透水路面砖和透水路面板》（GB/T 25993—2010）。

（7）《城镇透水路面养护技术规程》（DB/T 5125—2018）。

第 10 章

透水混凝土强度与抗冻融能力提升技术

寒冷气候条件下，尤其是我国东北、华北和西北地区的工程中，混凝土的冻融破坏一直是一个棘手的问题。而透水混凝土由于其易堵塞、低强度等特性，其受到寒冷水环境下冻融破坏的范围和程度更有甚于一般混凝土。直接凝固在透水混凝土孔隙中的自由水体积膨胀，造成局部冻胀开裂，使透水混凝土的力学性能如抗压强度、弹性模量等显著降低，甚至直接造成其质量损失和结构破坏[1]。针对无砂混凝土的冻融循环性能及其改进方面，目前国内的研究还较少。胡立国[2]向无砂混凝土掺加了硅灰和粉煤灰两种矿物掺和料和聚羧酸高效减水剂，通过进行冻融试验，以抗压强度损失和质量损失为指标评价了无砂混凝土的抗冻性能，结果表明掺加这两种矿物掺和料对无砂混凝土的抗冻性有明显提高。刘星雨[3]定义了无砂混凝土盐冻破坏评价方法，即以冻融循环次数和质量损失为指标。而樊晓红[4]、王玲玲[5]等对无砂混凝土的抗冻性能做了进一步的研究，其结论与先前研究结果不尽相同。

研究表明，掺和料和粗骨料之间的黏结强度是影响透水混凝土强度和抗冻融性能的最重要因素。国内外已有很多学者对不同掺和料进行研究。例如，近年来有学者发现 EVA（醋酸乙烯酯-乙烯共聚物）乳胶是一种高分子聚合物，可以对混凝土性能产生极大的提升，改良水泥混凝土耐磨、耐冲击、耐冻融，并提高了弯曲和拉伸强度，主要用于道路用水泥改性剂和水泥砂浆增强剂[6]，但目前对 EVA 乳胶改性透水混凝土性能的研究相对较少；粉煤灰作为一种掺和料也可以改性透水混凝土[7]，既可以节约成本，又可以很好地利用工业废料，但国内外研究粉煤灰对透水混凝土的抗冻融性能的影响甚少；纤维掺入透水混凝土在不影响其透水性能的情况下，可以显著改善其力学性能[8]，但缺少对抗冻融性能的研究。为了解决这些问题，本章旨在寻找合适的掺和料及其比例来提高透水混凝土的抗冻融性能。研究包括粉煤灰、EVA（醋酸乙烯酯乙烯-共聚物）乳胶、聚乙烯纤维等掺和料，分析添加不同掺和料对混凝土抗压强度与抗冻融性的影响效果。通过用掺和料置换透水混凝土混合物中不同比例的水泥来分析掺和料比例的影响。

10.1 试　　验

10.1.1 原材料

粗骨料：实验选用瓜子石，其表观密度为 2 700 kg/m^3，粒径级配为 5~10 cm；水泥：采用济南生产的山水牌 42.5 普通硅酸盐水泥；减水剂：氨基磺酸盐系高效减水剂；掺和料：粉煤灰、高聚物液体或者絮状纤维。

10.1.2 配合比

实验设置空白对照组，目标孔隙率为 20%，对 3 种掺和料，即粉煤灰、EVA 乳胶和聚乙烯纤维分别进行了研究和分析，每组 3 个同配比试件。聚乙烯纤维长度为 18~20 mm，弹性模量为 110 GPa，抗拉强度为 2 900 MPa，直径为 25 μm，极限延伸率为 3%。掺和料的种类和置换水泥的比例见表 10.1。9 份含掺和料透水混凝土作为样本试验组。所有的混凝土水灰比恒为 0.27，骨料与水泥比为 4 : 1，水泥含量为 450 kg/m^3。试件模具尺寸为 100 mm×100 mm×400 mm，24 h 后脱模并经历 28 d 龄期的养护。

表 10.1　掺和料的掺量

掺　合　料	掺　量
粉煤灰	5%、8%和 10%
乙烯醋酸-乙烯（EVA）乳胶	2%、6%和 10%
聚乙烯纤维	0.1%、0.2%和 0.3%

10.1.3 透水系数测试

渗透系数是衡量透水混凝土的一个重要指标，它是单位水力梯度下通过单位面积的渗流量。本章采用了与 7.1.1 小节相同的改进型渗透系数测定装置进行试验。首先测量试件尺寸，计算横截面积。具体步骤：将试件放入试验测定装置，向装置缓慢注水，直至灌满；打开下方出水阀门，并保持一段时间直至水流稳定、气泡排净；读取试件上下表面的压力值 h_u 和 h_d，得到水力梯度 i。

$$i = \frac{h_u - h_d}{s} \tag{10.1}$$

式中　s——试件高度，m；

h_u、h_d——上、下表面的压力值。

读取出水口的水流速度 v，根据达西定律得出透水混凝土的渗透系数

$$k = \frac{v}{i} \tag{10.2}$$

10.1.4　抗冻融性能

由于透水混凝土为新型材料，国内尚未有统一的标准方法来测定透水混凝土的抗冻性能，故试验中透水混凝土抗冻性能测试参照欧美标准 ASTM C 666-84。透水混凝土的冻融试验有快冻法和慢冻法两种[9]。试验中采用快冻法，单次冻融循环时间为 4 h，并且冻融循环中的融化时间不能小于总时间的 1/4。冻结最低温度为（-18±2)℃，融化最高温度为（4±2)℃。该温度以所有传感器测量平均值为准。将透水混凝土试件养护 28 d，在 26 d 时将透水混凝土试件去除放入（20±2)℃的清水中浸泡 2 d，浸泡水面高出试件顶面 20～30 mm，之后在阴暗的室内将透水混凝土试件晾干。使用动弹仪测量透水混凝土横向基频初始值和弹性模量，称量试件初始质量，并编号。然后进行冻融循环试验，每 25 次循环后检查透水混凝土试件外观，称量试件质量，使用动弹仪测量试件弹性模量。若质量损失超过 5%或弹性模量损失超过 40%（小于初始值的 60%)[2]，停止实验，否则继续。

由于降雨、降雪后，地表径流会迅速通过连通孔隙进入路基及穿孔管排出，从而不会形成透水混凝土路面完全浸泡在水中的现象。因此，使用上述冻融试验方法不能完全真实还原自然冻融循环过程，但上述试验方法的条件更为严酷，可以反映透水混凝土在极端恶劣条件下的表现。图 10.1 所示为快速冻融机内的试件。

10.1.5　力学性能测试

抗压强度测试按照《普通混凝土力学性能试验方法标准》（GB/T 50081—2002)[10]进行。

10.2　结果与讨论

10.2.1　透水混凝土的基本物理性质

试验得到各组试件冻融循环前的平均渗透系数和平均抗压强度见表 10.2。

图 10.1 快速冻融机内的试件

根据 CJJ/T 135—2009，透水混凝土在工程使用中应满足渗透系数大于 0.5 mm/s,可以看出，各组试件的平均渗透系数为 2.04~2.25 mm/s，平均抗压强度为 20.6~25.1 MPa，均满足透水性和抗压强度的要求。

表 10.2 各组试件冻融循环前的平均渗透系数和平均抗压强度

Properties	Reference	Fly ash 5	Fly ash 8	Fly ash 10	EVA latex 2	EVA latex 6	EVA latex 10	Fiber 0.1	Fiber 0.2	Fiber 0.3
Permeability/(mm/s)	2.14	2.19	2.23	2.23	2.16	2.14	2.21	2.04	2.25	2.12
Compressive strength/MPa	20.6	24.1	23.0	22.9	20.9	21.5	24.3	24.6	25.1	22.9

10.2.2 透水混凝土宏观破坏形态及原理

透水混凝土的冻融试验过程经历了表层粗骨料与水泥浆分离、粗骨料与水泥浆脱落、裂缝的产生与发展 3 个明显的宏观破坏过程（图 10.2），即试件经过冻融循环后，表面骨料发生破损并开始出现疏松、剥落，且随着冻融次数的增加，情况逐渐加重，粗骨料与水泥浆产生分离，之后在粗骨料交界处出现可见的裂缝并不断发展导致最终断裂。由此可见，透水混凝土的破坏发展过程和破坏形式均与普通混凝土存在巨大差异。

在冻融循环过程中，由于透水混凝土内存在过冷的水和结冰的水，在结冰的水体积膨胀的情况下，过冷的水发生迁移，使得透水混凝土内部产生微小孔隙或使原本微小孔隙变大，使得透水混凝土链接层不稳定，或者使一些链接物质脱离。另外，透水混凝土构件温度存在一定的梯度，表面的温度最低，内部的温度最高，从而产生冻胀力。在正负温度反复交替作用下，犹如疲劳作用，使结冰生成的微裂缝不断扩大，最终导致透水混凝土破坏。

（a）未冻融前

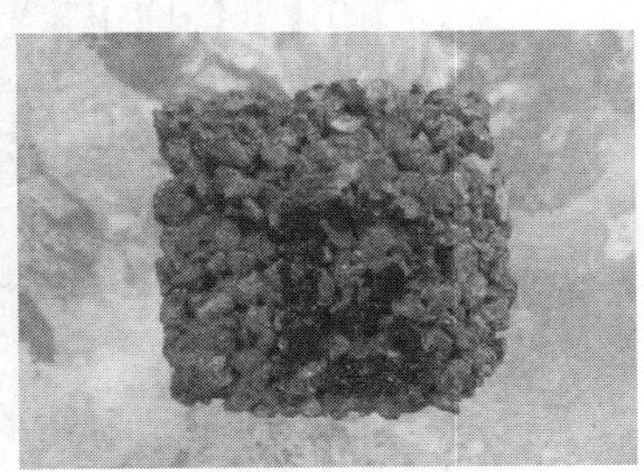

（b）表层粗骨料与水泥浆分离

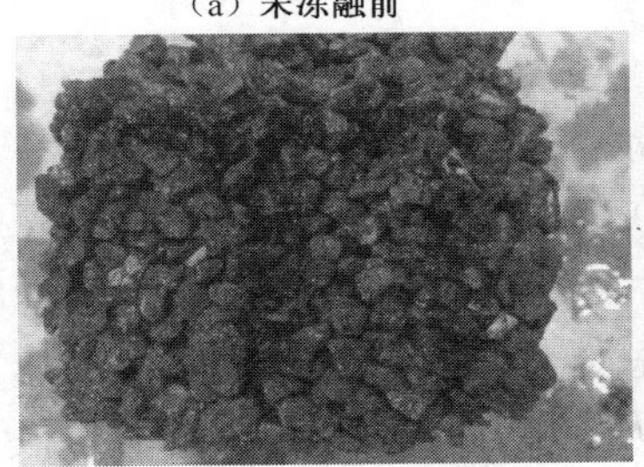

（b）粗骨料与水泥浆脱落

（d）裂缝的产生与发展

图 10.2　透水混凝土试件冻融试验的宏观破坏发展过程

10.2.3　不同掺和料对透水混凝土的冻融循环性能的影响

在冻融循环性能试验中，分别测试了掺和粉煤灰、EVA 乳胶和纤维等各组透水混凝土试件的质量损失和动弹模量的变化。试件冻融后质量损失率按下式计算：

$$W = \frac{G_0 - G_n}{G_0} \times 100\%$$

式中　W——n 次冻融循环后试件质量损失率，%；

G_0——冻融循环前试件质量，kg；

G_n——n 次冻融循环后试件质量，kg。

图 10.3 所示为各组透水混凝土试件在冻融循环过程中质量损失率变化。

动弹模量的变化可以反映试件内部的冻融损伤情况。本书以相对动弹模量（冻融循环后实际测得的动弹模量与初始动弹模量的比值百分数）作为其

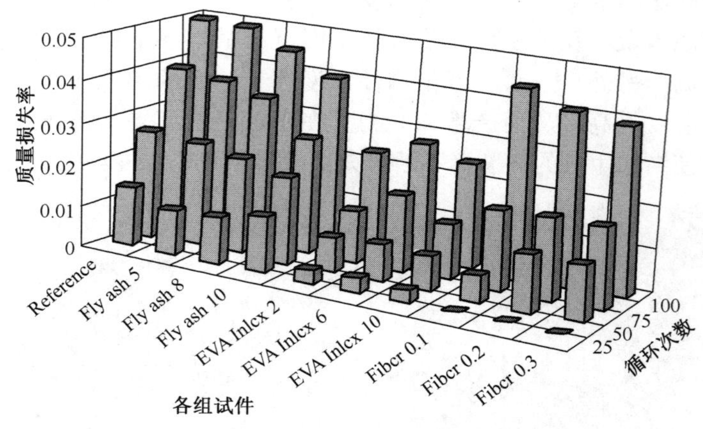

图 10.3 各组透水混凝土试件在冻融循环过程中质量损失率变化

评价指标。

1. 粉煤灰掺量对透水混凝土性能的影响分析

结合图 10.3 和图 10.4 可以看出，在冻融循环过程中，掺加粉煤灰的透水混凝土发生了一定程度的质量损失，并且其质量损失率略低于对照组的质量损失率；而其动弹模量与对照组相比总体趋势较为一致，数值上比对照组的相对动弹模量略大。粉煤灰的掺量越大，质量损失率和相对动弹模量的损失越小，这表明掺加粉煤灰对透水混凝土的冻融循环性能具有一定的有利作用。从结果还可看出，添加粉煤灰比例为 10%的透水混凝土冻融循环性能效果最佳。

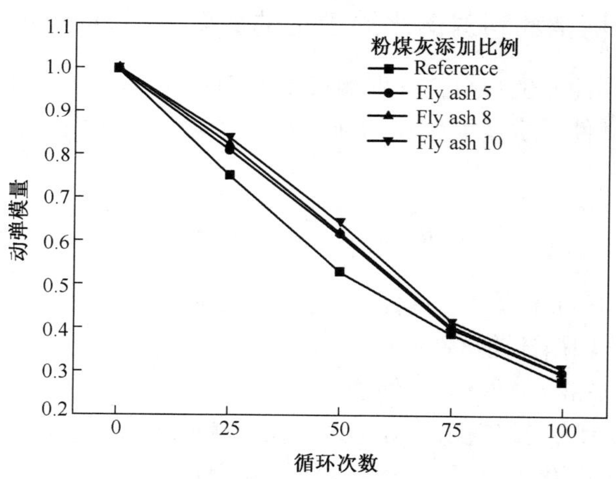

图 10.4 粉煤灰组相对动弹模量变化

从微观上看粉煤灰颗粒是一种半径微小、表面光滑的球体，能够填充到骨料的微小孔隙以及骨料和水泥间的孔隙之中，从而降低了透水混凝土的孔隙率，间接提高了透水混凝土的强度，同时提高透水混凝土拌和料的流动性，改良和易性；并且这种构造使其在水化反应中所需的水量较少，间接降低了水灰比。在冻融试验中，透水混凝土骨料间的胶结料由于受到冻融循环产生的静水压和渗透压作用而断裂，造成骨料由外向内剥落，而骨料颗粒本身仍然保持完好。粉煤灰的掺入则改变了这一状况。经过试验分析得到粉煤灰的主要成分为 SiO_2 和 Al_2O_3，这些成分与水泥的水化反应生成物发生二次水化反应，生成 C-S-H 凝胶，其方程式为

$$xCa(OH)_2 + SiO_2 + (n-1)H_2O = xCaO \cdot SiO_2 \cdot nH_2O$$

$$xCa(OH)_2 + Al_2O_3 + (n-1)H_2O = xCaO \cdot Al_2O_3 \cdot nH_2O$$

这种效应的产物使得透水混凝土骨料间的细小孔隙被填充，增加了黏结面积[12]。

2. EVA 乳胶掺量对透水混凝土性能的影响分析

由图 10.3 和图 10.5 可以看出，掺加 EVA 乳胶的透水混凝土试件与对照组相比，在冻融循环过程中的质量损失率得到了很大的降低，相对动弹模量有所提高。随着掺量的增加，在同次冻融循环下相对动弹模量的值越大。这表明掺加 EVA 乳胶能有效提高透水混凝土的冻融循环性能，并且在试验掺量范围内随掺量增大这种作用略微提升。

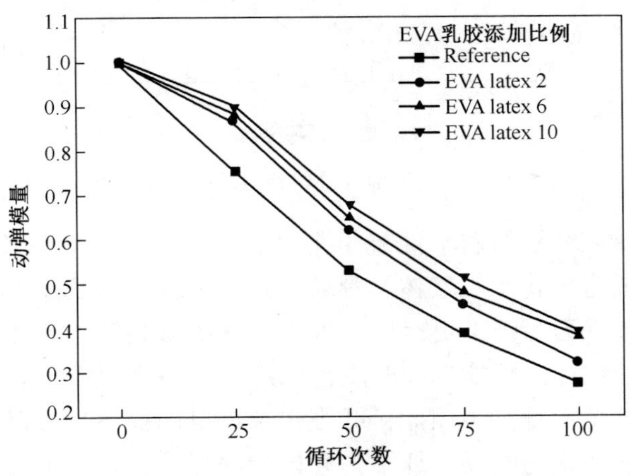

图 10.5　EVA 乳胶组相对动弹模量变化

通过 Ohama 模型[11]可知，在拌和过程中，高聚物会均匀分散在透水混凝土拌和物中，这些高聚物与水泥水化反应生成的 $Ca(OH)_2$ 结合形成凝胶；随着水化反应的进行，水分子的数量变少，水与高聚物的凝胶增多，这些凝胶

被填充在水泥孔隙之中，并且高聚物分子彼此链接形成高聚物分子网，附着在粗骨料和黏结层表层形成密实的网状结构，极大地提高了黏结层的黏结能力，并且增强了透水混凝土的韧性和抗冻能力。除此之外，高聚物中还有一些活性基团能够与$Ca(OH)_2$反应，改善其结构，填充在透水混凝土内部孔隙中，减少裂缝的产生，增强其抗冻能力[12]。

3. 聚乙烯纤维掺量对透水混凝土性能的影响分析

由图10.3和图10.6可以看出，在冻融循环过程中掺加聚乙烯纤维的透水混凝土试件的质量损失比对照组明显减小，相对动弹模量总体变化趋势较为一致，实验组试件的相对动弹模量降低较少。并且随着纤维掺量的增加，质量损失率的增加速度稍低。这表明聚乙烯纤维能提升透水混凝土的抗冻性能。

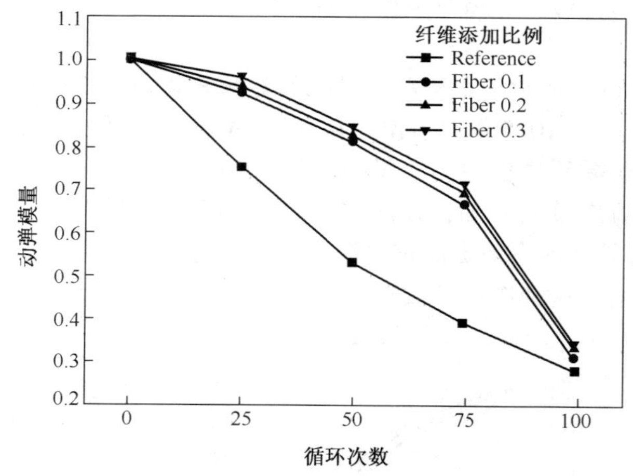

图10.6　聚乙烯纤维组相对动弹模量变化

微观上，掺入纤维的透水混凝土是多相（气相、液相、固相）、多孔材料，其结构组成为水化水泥浆体、骨料、聚乙烯纤维以及水泥浆体与骨料间的过渡区。掺入聚乙烯纤维更有助于抑制和减少微裂缝的产生和发展，从而提高了混凝土的抗冻融性能。同时聚乙烯纤维有一个显著的特点：它的弹性模量随温度的降低而增加。因此，纤维弹性模量的提高，可以更大限度地抵消冰胀力；而在融化的时候，纤维弹性模量的降低，有助于释放积蓄的膨胀能。纤维还抵抗冻融时产生的膨胀压力与渗透压力，从而减少细裂缝的扩展。试验结果可见，掺加聚乙烯纤维的试件在75次冻融循环后质量损失率和相对动弹性模量开始迅速下降，但是透水混凝土内部孔隙巨大，细小的纤维大多只能依附在粗骨料表面水泥凝结层上，所以这种抵抗冻融破坏的能力随着循环次数的增多而达到“临界点”，随后迅速减弱[12]。

10.3　结　　论

冻融循环实验结果表明，不同掺和料对透水混凝土的抗冻性能均有不同程度的影响。

（1）掺加粉煤灰对透水混凝土的冻融循环性能具有一定的有利作用，添加粉煤灰比例为10%的透水混凝土冻融循环性能效果最佳。

（2）掺加 EVA 乳胶能有效提高透水混凝土的冻融循环性能，并且在试验掺量范围内随掺量增大，这种作用略微提升。

（3）聚乙烯纤维能提升透水混凝土的抗冻性能，但是抵抗冻融破坏的能力随着循环次数的增多而达到“临界点”，随后迅速减弱，随着纤维掺量的增加，这种提升作用略好。

参 考 文 献

[1] 伏利鹏，杨建森，冯紫荻，等．聚丙烯纤维复合胶粉改性混凝土的抗冻性能［J］．混凝土与水泥制品，2014（11）49-61.

[2] 胡立国．透水混凝土的抗冻性研究［D］．大连：大连交通大学，2013.

[3] 刘星雨．透水混凝土抗冻性的影响因素研究［D］．哈尔滨：哈尔滨工业大学，2012.

[4] 樊晓红．无砂透水混凝土抗冻性能研究［J］．低温建筑技术，2010，32（12）：18-19.

[5] 王玲玲，马家，陈彦文，等．无砂混凝土抗冻性研究［J］．福建建材，2009（2）：8-9.

[6] 刘红卫，袁万明．国内外 VAE 乳液的发展状况［J］．中国胶粘剂，2005，14（2）：46-48.

[7] 刘肖凡，白晓辉，王展展，等．粉煤灰改性透水混凝土试验研究［J］．混凝土与水泥制品，2014（1）：20-23.

[8] 秦子鹏，田艳，朱建宏．纤维素纤维对透水混凝土性能影响的研究［J］．水利与建筑工程学报，2012，10（4）：66-68.

[9] Standard A. Standard test method for resistance of concrete to rapid freezing and thawing［S］. 2008.

[10] 建设部标准定额研究所．普通混凝土力学性能试验方法标准：GB/T 50081—2002［S］．北京：中国建筑工业出版社，2003.

[11] 王培铭，赵国荣，张国防．聚合物水泥混凝土的微观结构的研究进展［J］．硅酸盐学报，2014，42（5）：653-660.

[12] 张炯，李莉，明瑞平，等．不同掺和料的透水混凝土冻融循环性能研究［J］．硅酸盐通报，2017，36（5）：1480-1485.